어떤 문제도 해결하는
사고력 수학 문제집

박학다식 문해력 수학

초등 1년

2단계

비아에듀
ViaEducation

사고력+문해력 융합
수학 학습 프로그램

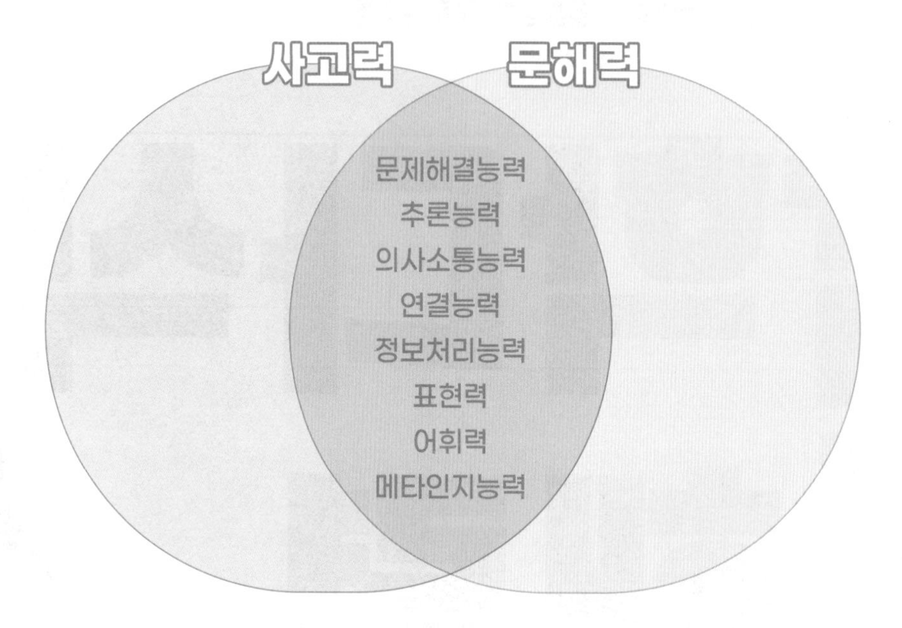

발행처 비아에듀 | 지은이 최수일·문해력수학연구팀 | 발행인 한상준 | 초판 1쇄 발행일 2023년 12월 22일
편집 김민정·강탁준·최정휴·손지원·허영범 | 기획 자문 박일(수학체험연구소장) | 삽화 김영화 | 디자인 조경규·김경희·이우현·문지현
주소 서울시 마포구 월드컵북로6길 97 | 전화 02-334-6123 | 홈페이지 viabook.kr

문해력이 수학 실력을 좌우합니다

지능 검사는 5개 영역에서 이루어집니다. 어휘적용, 언어추리, 산수추리, 수열추리, 도형추리입니다. 이 중에서 수학 실력과 가장 밀접한 상관관계를 갖는 영역은 무엇일까요? 많은 연구 결과, 수학과 직접적인 관계가 있는 산수추리나 수열추리, 도형추리보다 어휘적용과 언어추리가 수학 실력과의 상관관계가 더 높은 것으로 나타났습니다. '어휘적용'과 '언어추리'가 무엇일까요? 바로 문해력입니다. 문해력이 수학 실력을 좌우합니다.

문해력은 무엇일까요? 문해력은 글을 읽고 의미를 파악하고 이해하는 능력뿐만 아니라 중요한 정보나 사실을 찾고 연결하는 능력이며, 실생활에서 맞닥뜨리는 상황을 이해하고 해결하는 능력입니다. 이는 수학에서 요구하는 역량과도 맞닿아 있습니다. 2024년부터 적용되는 새로운 수학 교육과정은 문제해결, 추론, 의사소통, 연결, 정보처리의 5대 교과 역량을 기반으로 구성됩니다. 또한, 최근 세계적으로 우수한 인재를 위한 교육 프로그램으로 인정받고 있는 IB(International Baccalaureate) 프로그램에서도 사고력을 키워주는 역량 중심의 교육과정을 지향하고 있습니다. 초등수학 IB 프로그램은 위에서 언급한 역량을 키우기 위해 서술형, 논술형 문제를 통해 설명하기(프리젠테이션)와 글쓰기 공부를 강조하고 있습니다.

지식과 정보가 폭발적으로 증가하는 사회에 능동적으로 대응할 수 있는 역량을 갖추는 공부가 절실히 필요한 때입니다. 수학 개념을 정확하고 논리적으로 설명할 줄 아는 공부야말로 미래를 준비하고, 대처할 수 있는 능력을 키워 줄 수 있습니다. 『박학다식 문해력 수학』은 수학 교육과정에서 요구하는 5대 역량과 '설명하기'를 통해 학생이 개념을 충분히 인지하였는지를 알 수 있는 메타인지능력, 그리고 문해력을 동시에 키울 수 있는 교재입니다.

이 책과 함께 성장하는 여러분의 미래를 응원합니다.

박학다식 문해력 수학 사용설명서

step 1

내비게이션

교과서의 교육과정과
학습 주제를 확인해 보세요.
문제에 집중하다 보면
길을 잃기도 하거든요.
내가 공부하고 있는 위치를
확인하는 습관을 지녀보세요.

14 덧셈과 뺄셈(3)

받아내림이 없는 (몇십몇) - (몇십몇)의 계산

악어 이빨이 모두 24개야. 그중에 11개를 눌렀네.

그럼 24 - 11이니까 남은 이빨은 13개야.

십의 자리끼리 일의 자리끼리 계산하면 돼!

만화

만화는 뒤에 나오는
'수학 문해력'과 연결이
그리고 이 주제를 '왜' 배워야 하는지 생각해 보세요.

30초 개념

수학은 '뜻(정의)'과 '성질'이
중요한 과목입니다.
꼭 알아야 할 핵심만
정리해 한눈에 개념을
이해할 수 있어요.

1 30초 개념

• (몇십몇) - (몇십몇)의 계산은 다음과 같이 세로로 줄을 맞추어 계산합니다.

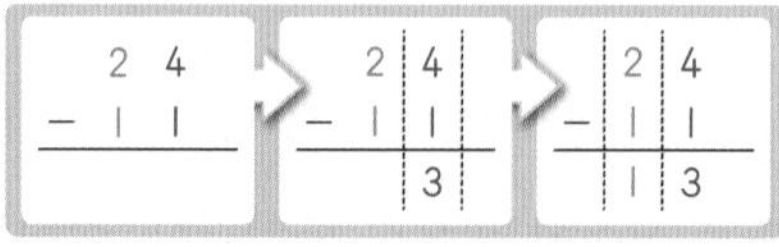

개념연결

수학의 개념은 전 학년에 걸쳐
모두 연결되어 있어요. 지금
배우는 개념이 이해가 되지
않는다면 이전 개념으로 돌아가
다시 확인해 보세요. 그리고 다음에는 어떤 개념으로 연결되는지도 꼭 확인하세요.

개념연결

1-2 받아올림이 없는 (몇십몇)+(몇십몇)의 계산 → 1-2 여러 가지 방법으로 덧셈하기 → 1-2 받아내림이 없는 (몇십몇)-(몇십몇)의 계산 → 1-2 여러 가지 방법으로 뺄셈하기

step 2

매일 한 주제씩 꾸준히 공부하는 습관을 키워 보세요.
'빨리'보다는 '정확하게' 학습 내용을 이해하는 것이 중요합니다.

공부한 날 월 일

step 2 설명하기

질문 ❶ 28－11을 수 모형을 이용하여 계산하고 세로로 계산해 보세요.

설명하기

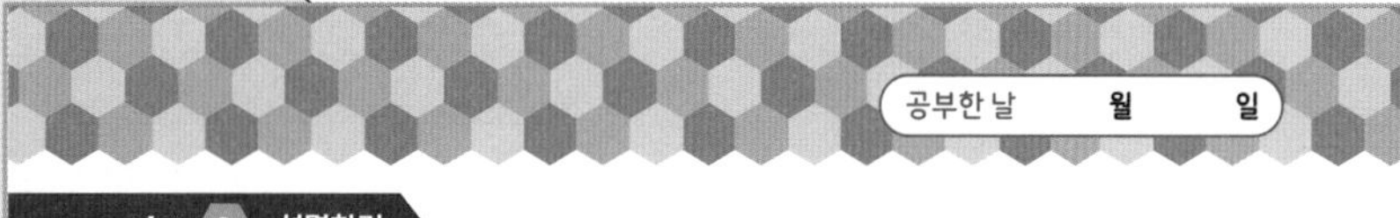

28－11＝17

낱개는 낱개끼리, 10개 묶음은 10개 묶음끼리 빼면 17이 됩니다.

$$\begin{array}{r} 28 \\ -\ 11 \\ \hline \end{array} \Rightarrow \begin{array}{r} 28 \\ -\ 11 \\ \hline 7 \end{array} \Rightarrow \begin{array}{r} 28 \\ -\ 11 \\ \hline 17 \end{array}$$

질문 ❷ 각 주머니에서 수를 하나씩 골라 뺄셈식을 만들어 보세요.

— 노란색 주머니에서 58, 빨간색 주머니에서 15를 고르면 58－15＝43을 만들 수 있습니다.
— 노란색 주머니에서 58, 빨간색 주머니에서 24를 고르면 58－24＝34를 만들 수 있습니다.
— 노란색 주머니에서 96, 빨간색 주머니에서 12를 고르면 96－12＝84를 만들 수 있습니다.
— 노란색 주머니에서 37, 빨간색 주머니에서 31을 고르면 37－31＝6을 만들 수 있습니다.

설명하기

'30초 개념'을 질문과 설명의 형식으로 쉽고 자세하게 풀어놨어요.

• 이렇게 공부해 보세요!
1. 무엇을 묻는 질문인지 이해한다.
2. '설명하기'를 소리 내어 읽는다.
3. 친구에게 설명한다.
4. 손으로 직접 써서 정리한다.

이 과정을 거치게 되면 초등수학의 모든 개념을 정복할 수 있어요.

step 3-4

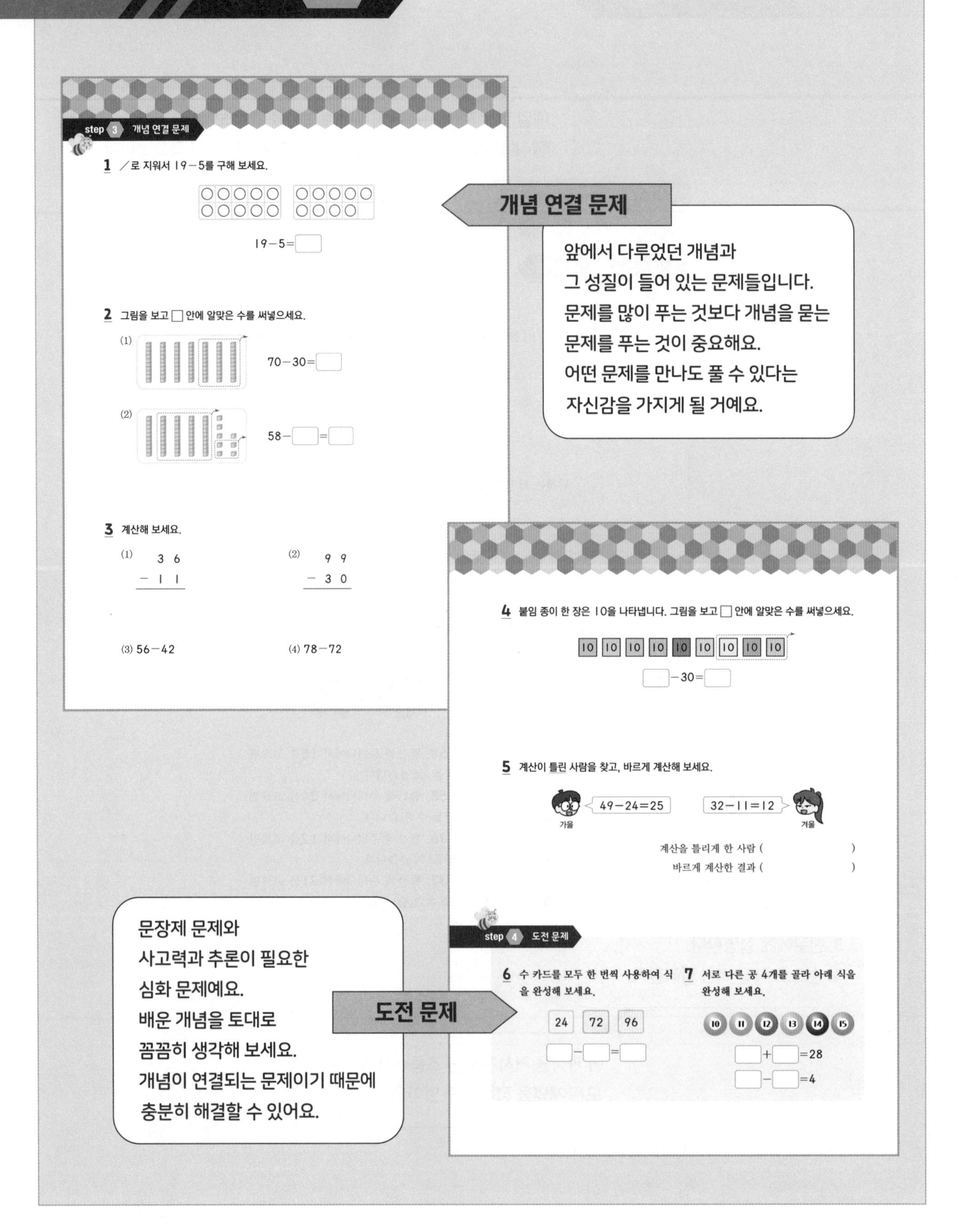
step 3 개념 연결 문제
1 ／로 지워서 19－5를 구해 보세요.
19－5=
2 그림을 보고 □ 안에 알맞은 수를 써넣으세요.
70－30=
58－□=□
3 계산해 보세요.
(3) 56－42
(4) 78－72
개념 연결 문제
앞에서 다루었던 개념과
그 성질이 들어 있는 문제들입니다.
문제를 많이 푸는 것보다 개념을 묻는
문제를 푸는 것이 중요해요.
어떤 문제를 만나도 풀 수 있다는
자신감을 가지게 될 거예요.
4 붙임 종이 한 장은 10을 나타냅니다. 그림을 보고 □ 안에 알맞은 수를 써넣으세요.
□－30=□
5 계산이 틀린 사람을 찾고, 바르게 계산해 보세요.
49－24=25
32－11=12
가을
겨울
계산을 틀리게 한 사람 (　　)
바르게 계산한 결과 (　　)
step 4 도전 문제
6 수 카드를 모두 한 번씩 사용하여 식을 완성해 보세요.
24 72 96
7 서로 다른 공 4개를 골라 아래 식을 완성해 보세요.
□+□=28
□－□=4
문장제 문제와
사고력과 추론이 필요한
심화 문제예요.
배운 개념을 토대로
꼼꼼히 생각해 보세요.
개념이 연결되는 문제이기 때문에
충분히 해결할 수 있어요.
도전 문제

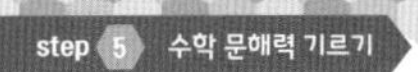

내 이(치아)는 모두 몇 개일까?

이 빠진 경험이 있는 사람?

사람은 아기일 때 이가 나기 시작해서 어느 정도 크고 나면 이가 빠지고 새로운 이가 난다. 아이들의 이는 유치라고 부르는데 유치는 20개쯤 되고 6세쯤 부터 빠지기 시작한다. 동시에 어른들의 이인 영구치가 새로 나서 13세쯤 되면 영구치를 모두 가지게 된다. 그 수는 보통 28개 정도이다. 영구치는 빠지더라도 새로운 이가 나지 않는다.

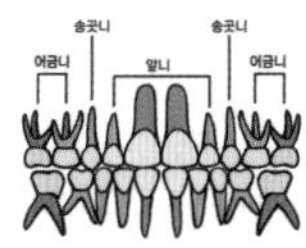

▲ 유치를 앞에서 본 모습

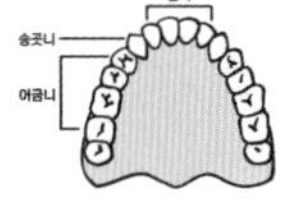

▲ 영구치를 위에서 본 모습

강아지나 고양이도 마찬가지이다. 강아지의 영구치는 42개 정도, 고양이의 영구치는 30개 정도라고 한다. 내 이는 지금 몇 개나 나 있을까?

* 유치: 유아기에 사용한 뒤 갈게 되어 있는 이
* 영구치: 젖니(유치)가 빠진 뒤에 나는 이

수학 문해력 기르기

설명문, 논설문, 신문 기사, 동화, 만화 등 다양한 분야의 읽을거리를 읽어 보세요. 긴 문장을 읽고 문제의 핵심을 파악하는 능력을 기를 수 있어요.

1 이(치아)에 대한 설명이 맞으면 ○표, 틀리면 ×표 해 보세요.

(1) 유치는 보통 20개 정도이다. (　　　)

(2) 유치는 13세부터 빠진다. (　　　)

(3) 영구치도 유치처럼 빠지면 새로 난다. (　　　)

2 거울을 보고 빠진 유치가 있다면 어떤 것인지 ×표 해 보세요.

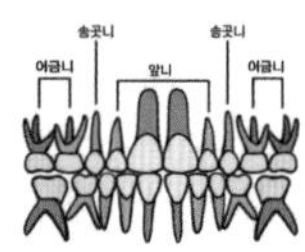

3 내 이는 모두 몇 개 인지 세어 보세요.

(　　　　　　)개

4 강아지와 고양이의 영구치 수의 차는 얼마인가요?

식 ________

답 ________

5 사람의 영구치 개수와 가을이의 이 개수의 차를 계산해 보세요.

식 ________

답 ________

읽을거리 안에는 앞서 배운 개념을 묻는 문제가 있어요. 문제를 푸는 과정에서 어휘력과 독해력을 키우고, 읽을거리에 담겨 있는 지식과 정보도 얻을 수 있답니다. 수학 개념과 읽기 능력, 두 마리 토끼를 잡아 보세요.

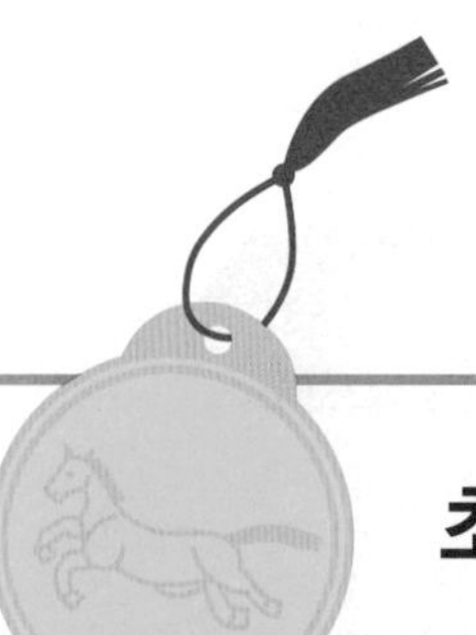

박학다식 문해력 수학 초등 1-2단계

1단원 | 100까지의 수

2단원 | 덧셈과 뺄셈(1)

3단원 | 모양과 시각

4단원 | 덧셈과 뺄셈(2)

5단원 | 규칙 찾기

6단원 | 덧셈과 뺄셈(3)

99까지의 수

step 1 30초 개념

공부한 날 월 일

step 2 설명하기

질문 ❶ 빈칸에 알맞은 말을 써넣으세요.

10	20	30	40	50	60	70	80	90
십	이십	삼십	사십	오십				구십
열	스물			쉰		일흔	여든	

설명하기

10	20	30	40	50	60	70	80	90
십	이십	삼십	사십	오십	육십	칠십	팔십	구십
열	스물	서른	마흔	쉰	예순	일흔	여든	아흔

질문 ❷ 빈칸에 알맞은 수나 말을 써넣으세요.

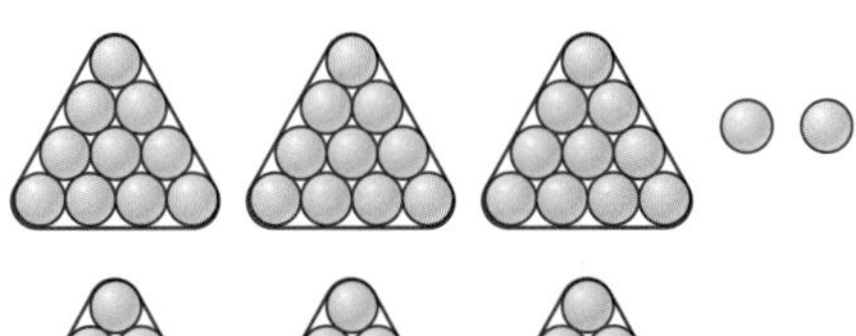

10개씩 묶음	낱개
	2

쓰기 ______ 읽기 ______

설명하기

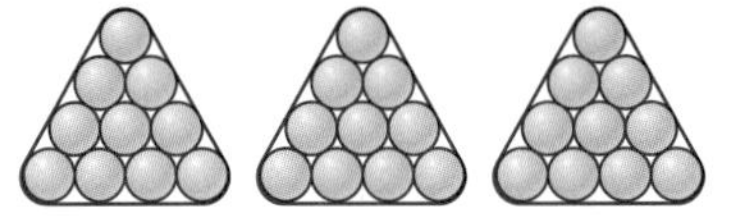

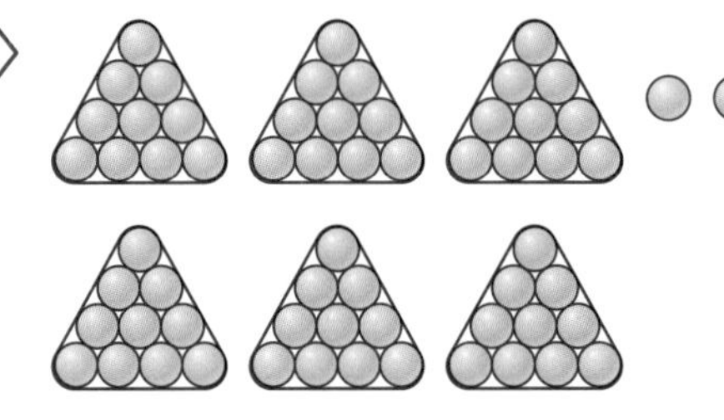

10개씩 묶음	낱개
6	2

쓰기 62 읽기 육십이, 예순둘

구체물의 수를 10개씩 묶어서 세고 수를 쓰는 활동을 통해 10개씩 묶음 ★개, 낱개 ◆개를 '★◆'라 쓰고 '★십◆'라고 읽는다는 것을 알 수 있습니다.

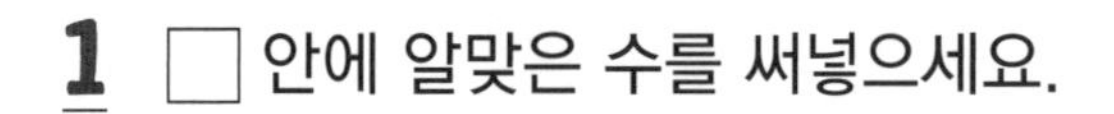

1 □ 안에 알맞은 수를 써넣으세요.

(1) ○○○○○○○○○○
○○○○○○○○○○
○○○○○○○○○○
○○○○○○○○○○

10개씩 묶음 □개 ➡ □개

(2) ▢▢▢▢▢▢▢▢▢▢
▢▢▢▢▢▢▢▢▢▢
▢▢▢▢▢▢▢▢▢▢
▢▢▢▢▢▢▢▢▢▢
▢▢▢▢▢▢▢▢▢▢

10개씩 묶음 □개 ➡ □개

2 □ 안에 알맞은 수를 쓰고 바르게 읽어 보세요.

(1)

10개씩 묶음 3개	쓰기	□
	읽기	□, 서른

(2)

10개씩 묶음 □개, 낱개 □개	쓰기	□
	읽기	육십칠, □

3 과일 맛 사탕이 모두 몇 개인지 빈칸에 알맞은 수를 쓰고 2가지 방법으로 읽어 보세요.

쓰기	
읽기	

4 □ 안에 알맞은 수를 써넣으세요.

(1)

10개씩 묶음	낱개
5	1

➡ □

(2)

10개씩 묶음	낱개
6	5

➡ 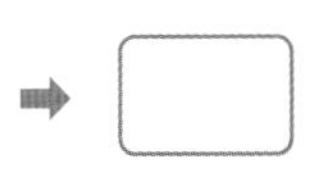

5 관계있는 것끼리 선으로 이어 보세요.

48 •	• 구십오 •	• 아흔다섯
72 •	• 사십팔 •	• 일흔둘
95 •	• 칠십이 •	• 마흔여덟

step 4 도전 문제

6 다른 것을 하나 찾아 ○표 해 보세요.

○○○○○○○○○○ ○○○○○○○○○○ ○○○○○○○○○○ ○○○○○○○○○○ ○○○○○○○○○○ ○○○○○○○○○○ ○○○○	64	여든넷	10개짜리 묶음 6개 낱개 4개
(　　)	(　　)	(　　)	(　　)

7 겨울이가 가지고 있는 숫자 카드에 적힌 수를 써 보세요.

겨울

내가 가진 카드의 숫자는 10개씩 묶음이 9개, 낱개가 7개인 수야.

(　　　　　)

도깨비방망이와 개암

옛날 옛적, 나무꾼은 나무를 하러
깊은 숲속으로 들어갔어요.

숲 바닥에 개암나무 열매가 떨어져 있었어요.

집에 오는 길에 낡은 집에서
잠깐 눈을 붙여야겠다고 생각했어요.

도깨비들이 들어와 잔치를 벌이자,
나무꾼은 몹시 배가 고팠어요.
약과 나와라 뚝딱!
꼬르륵
펑!

나무꾼이 깨문 개암 소리에 도깨비들은
놀라 달아났어요.
딱!
휙
으악!!
집이 무너지나 봐!!

도깨비방망이를 얻은 나무꾼은 부자가 되었답니다.

1 숲 바닥에 떨어져 있는 개암은 모두 몇 개였나요?

( )개

2 이 이야기에서 '눈을 붙이다.'라는 말은 어떤 의미인가요? ( )

① 밥을 먹는다.

② 잠을 잔다.

③ 공부를 한다.

3 내가 좋아하는 음식이나 지금 먹고 싶은 간식을 떠올리며 도깨비방망이를 사용하는 주문을 완성해 보세요.

( ) 나와라 ( )!

4 이야기의 마지막 그림에서 나무꾼의 머리 위에 있는 엽전의 수는 모두 몇 개인지 알맞은 수를 써넣으세요.

10개짜리 꾸러미가 ( )개,
낱개 ( )개 이므로 모두 ( )개이다.

02 수의 크기 비교

step 1 30초 개념

- 99보다 1 큰 수를 100이라고 합니다.
- 100은 백이라고 읽습니다.
- 수의 크기를 비교하여 다음과 같이 씁니다.

"32는 57보다 작습니다."를 $32 < 57$와 같이 씁니다.

"57는 32보다 큽니다."를 $57 > 32$와 같이 씁니다.

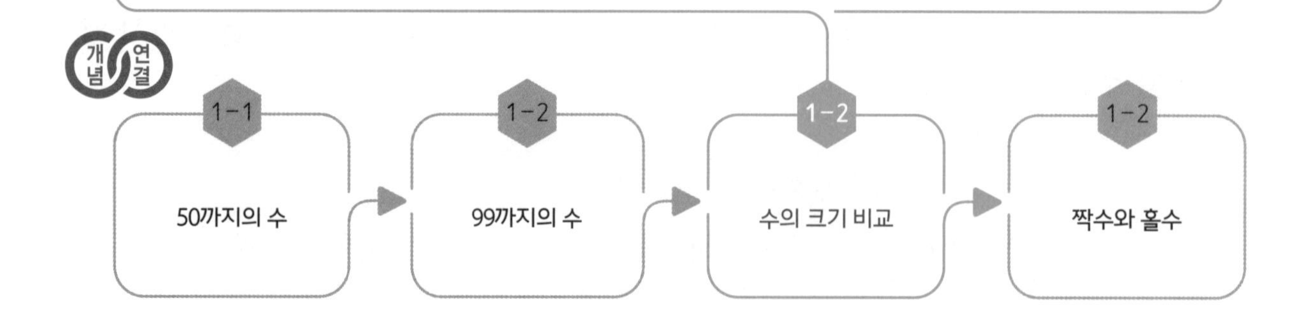

공부한 날 월 일

step 2 설명하기

질문 ❶ 수 배열표를 완성해 보세요.

1	2	3	4	5	6	7	8	9	10
31	32		34	35		37	38	39	
	52	53	54	55		57		59	60
	72	73		75		77	78		80
91									

설명하기

1	2	3	4	5	6	7	8	9	10
31	32	33	34	35	36	37	38	39	40
51	52	53	54	55	56	57	58	59	60
71	72	73	74	75	76	77	78	79	80
91	92	93	94	95	96	97	98	99	100

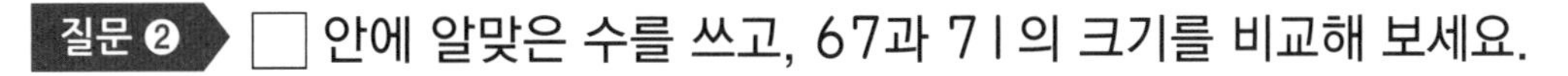

질문 ❷ □ 안에 알맞은 수를 쓰고, 67과 71의 크기를 비교해 보세요.

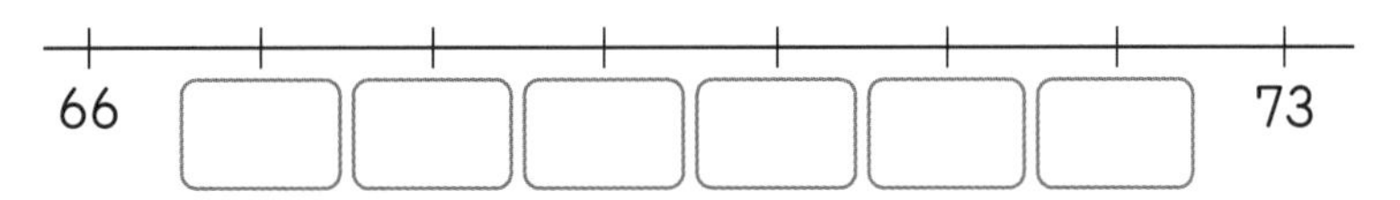

설명하기 수직선에서는 오른쪽에 있는 수가 왼쪽에 있는 수보다 큽니다. 왼쪽에 있는 수는 오른쪽에 있는 수보다 작습니다.

수직선에서 두 수 67과 71의 크기를 비교하면 67은 71보다 왼쪽에 있으므로 67은 71보다 작고, 71은 67보다 큽니다.

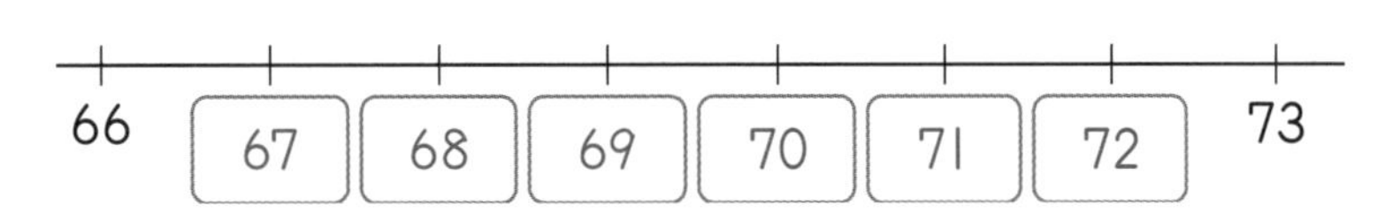

1 □ 안에 알맞은 수나 말을 써 보세요.

99보다 1큰 수를 □ 이라고 하고 □ 이라고 읽습니다.

2 두 수의 크기를 비교하여 ○ 안에 > 또는 < 를 알맞게 써넣으세요.

(1) 12 ○ 19　　　　(2) 55 ○ 21

3 수 배열표를 보고 빈칸의 수보다 5만큼 더 큰 수를 찾아 ○표 하고, 10만큼 작은 수를 찾아 △표 해 보세요.

21	22	23	24	25	26	27	28	29	30
31	32	33	34	35	36	37	38	39	40
41	42	43	44	45	46	47	48	49	50
51	52	53	54	55	56	57		59	60
61	62	63	64	65	66	67	68	69	70
71	92	93	94	95	96	97	98	99	80

4 □ 안에 알맞은 수를 써넣고 두 수의 크기를 비교해 보세요.

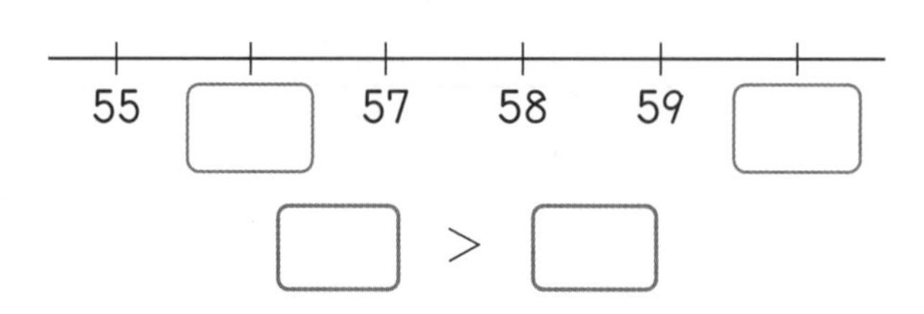

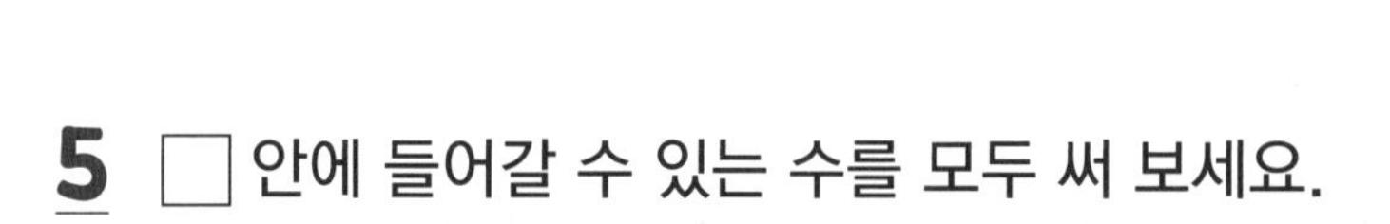

5 □ 안에 들어갈 수 있는 수를 모두 써 보세요.

$$12 < \square < 16$$

(　　　　　　　　)

6 □ 안에 큰 수부터 차례대로 써넣으세요.

13　　52　　29　　78

$\square > \square > \square > \square$

7 두 사람 중 더 작은 수를 말한 사람은 누구인지 써 보세요.

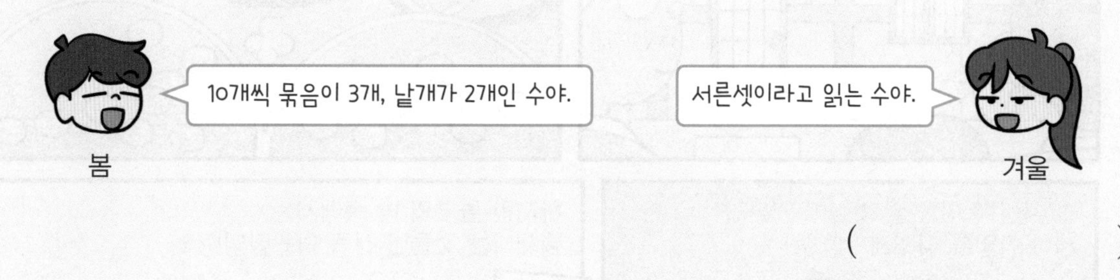

(　　　　　　　　)

8 □ 안에는 같은 수가 들어갑니다. 0부터 9까지의 수 중에서 알맞은 수를 찾아 써 보세요.

$\square 9 > 58$

$2\square < 26$

(　　　　　　　　)

흥부와 놀부

옛날에 욕심 많은 형 놀부와
마음씨 착한 동생 흥부가 살았어요.

어느 날, 흥부는 다리를 다친 제비를
도와주었어요.

제비는 박 씨를 물어다 주었어요.

박을 열자, 그 안에서 금 거북이와
옥 덩어리가 나왔어요.

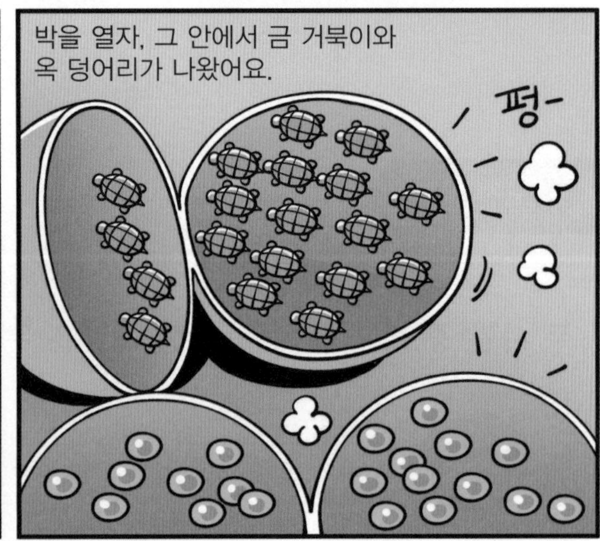

놀부는 박 씨를 얻고 싶어 일부러
제비 다리를 다치게 했어요.

하지만 놀부의 박 속에서는
냄새나는 것들만 잔뜩 나왔답니다.

1 관계있는 것끼리 선으로 이어 보세요.

흥부  •　　　　• 

놀부 •　　　　• 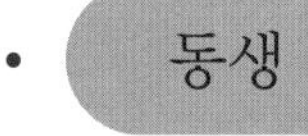

2 흥부네 박에서 나온 보물의 개수를 쓰고, 더 큰 수에 ○표 해 보세요.

• 금 거북이: ＿＿＿＿＿개　　　　• 옥 덩어리: ＿＿＿＿＿개

3 놀부네 박에서 나온 것들의 개수를 찾아 각각 ○표 하고 □ 안에 알맞는 수를 써넣으세요.

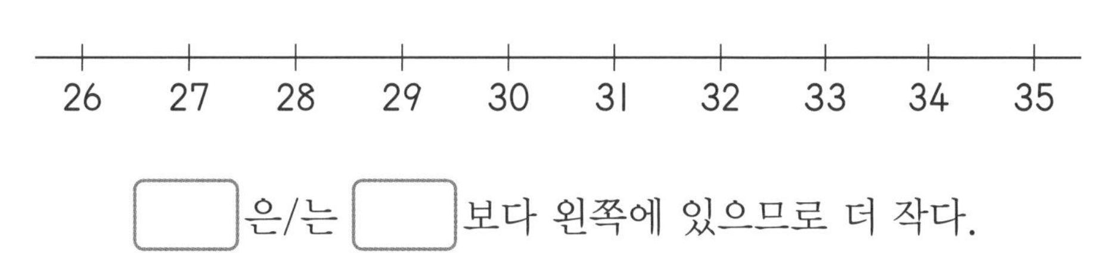

□은/는 □보다 왼쪽에 있으므로 더 작다.

4 박 속에서 나왔으면 하는 물건과 개수를 적고, 두 수의 크기를 비교하여 ○ 안에 > 또는 <를 알맞게 써넣으세요.

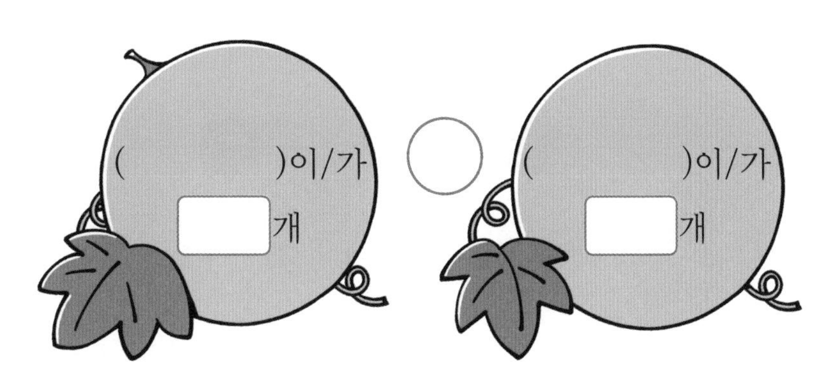

03 짝수와 홀수

100까지의 수

step 1 30초 개념

- 2, 4, 6, 8, 10과 같이 둘씩 짝을 지을 수 있는 수를 짝수라고 합니다.
- 1, 3, 5, 7, 9와 같이 둘씩 짝을 지을 수 없는 수를 홀수라고 합니다.
- 12, 14, 16, 18, 20도 둘씩 짝을 지을 수 있으므로 짝수입니다.
- 11, 13, 15, 17, 19는 둘씩 짝을 지을 수 없으므로 홀수입니다.

개념 연결

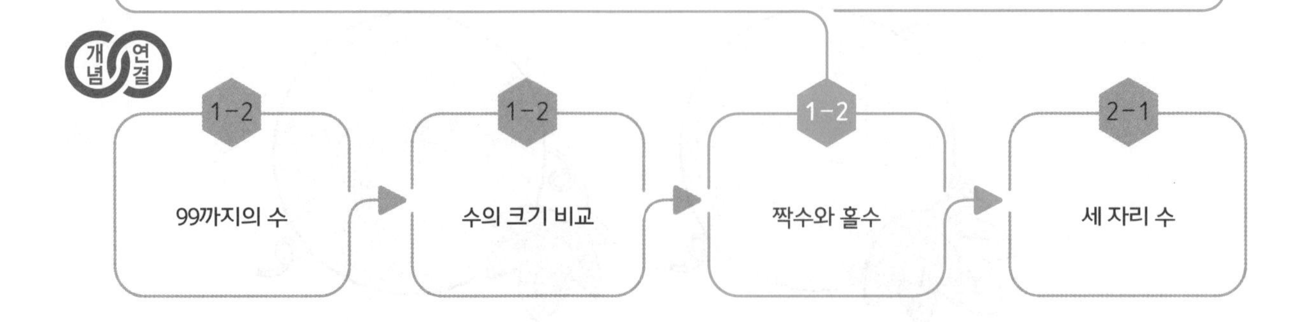

step 2 설명하기

질문 ❶ 11부터 20까지의 수를 짝수와 홀수로 나누어 보세요.

설명하기 다음과 같이 11부터 20까지의 수를 짝수(빨간색)와 홀수(파란색)로 나눌 수 있습니다.

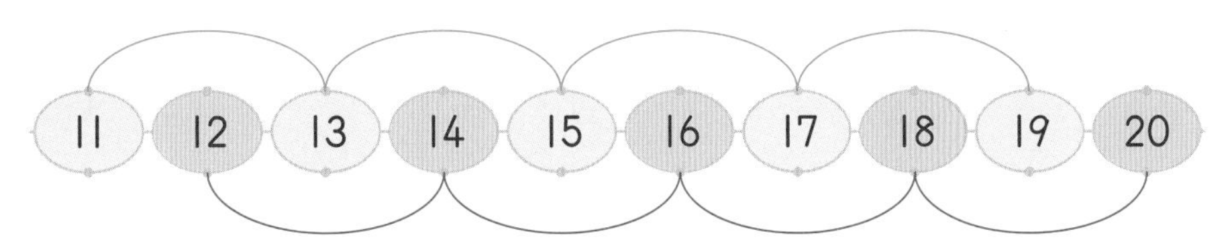

질문 ❷ 수 배열표에서 홀수는 파란색, 짝수는 빨간색으로 색칠해 보세요.

1	2	3	4	5	6	7	8	9	10
11	12	13	14	15	16	17	18	19	20
21	22	23	24	25	26	27	28	29	30
31	32	33	34	35	36	37	38	39	40
41	42	43	44	45	46	47	48	49	50

설명하기

1	2	3	4	5	6	7	8	9	10
11	12	13	14	15	16	17	18	19	20
21	22	23	24	25	26	27	28	29	30
31	32	33	34	35	36	37	38	39	40
41	42	43	44	45	46	47	48	49	50

1 개수가 짝수인지 홀수인지 써 보세요.

(1)

○ ○ ○ ○ ○ ○

○ ○ ○ ○ ○ ○

○ ○ ○ ○

(　　　　　)

(2)

△ △ △ △ △ △ △ △ △ △

△ △ △ △ △ △ △ △ △ △

△ △ △ △ △ △ △ △ △

(　　　　　)

2 홀수와 짝수로 나누어 보세요.

1　2　3　4　5　6　7　8　9

홀수	
짝수	

3 관계있는 것끼리 선으로 이어 보세요.

 •　　• 24 •　　• 홀수

•　　• 11 •　　• 짝수

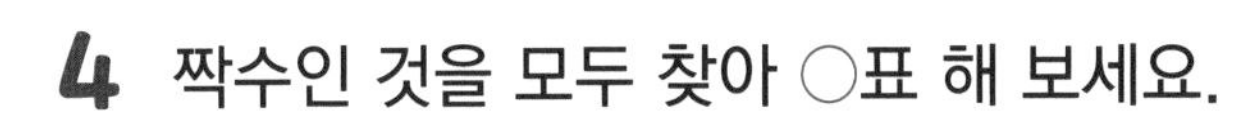

4 짝수인 것을 모두 찾아 ○표 해 보세요.

7	여덟	52	삼십구	10개묶음이 6개인 수

step 4 도전 문제

5 초콜릿 13개를 상자에 담았습니다. 책상 위에 있는 초콜릿 중 몇 개를 더 담으면 상자 안의 초콜릿의 개수가 짝수가 되는지 모두 써 보세요.

(　　　　　　)개

6 2장의 카드를 골라 짝수를 만들려고 합니다. 만들 수 있는 짝수는 모두 몇 개일까요?

9	0	3	1	5

(　　　　　　)개

정직한 나무꾼

옛날 옛적, 정직한 나무꾼이 숲에서 나무를 하고 있었습니다.
쿵
쿵

실수로 하나뿐인 쇠도끼를 연못에 빠뜨리고 말았어요.
풍덩!
!

산신령이 나타나서 물었어요.
이 금도끼가 네 것이냐?
아닙니다! 제 것은 쇠로 만든 도끼입니다.

나무꾼은 생각했습니다.
나에겐 은도끼가 4개 있지만 쇠도끼를 꼭 찾아야해!

산신령은 금도끼도 선물로 주었어요.
정직한 사람을 보니 흐뭇하구나.

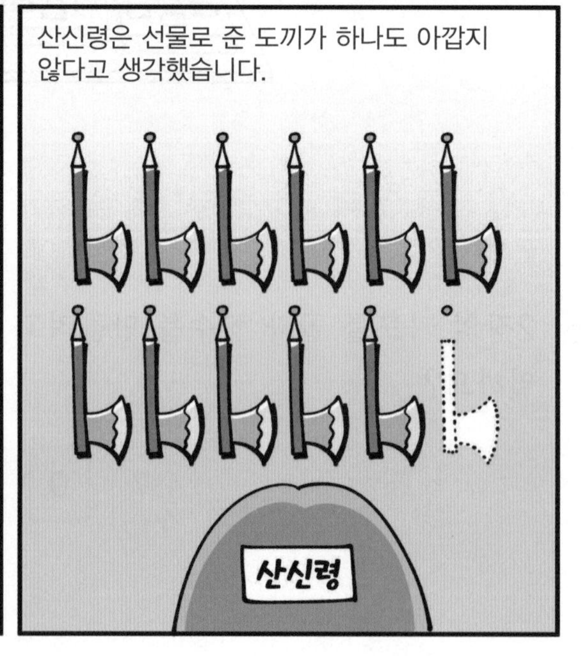
산신령은 선물로 준 도끼가 하나도 아깝지 않다고 생각했습니다.
산신령

1 나무꾼이 실수로 빠뜨린 도끼를 찾아 ○표 해 보세요.

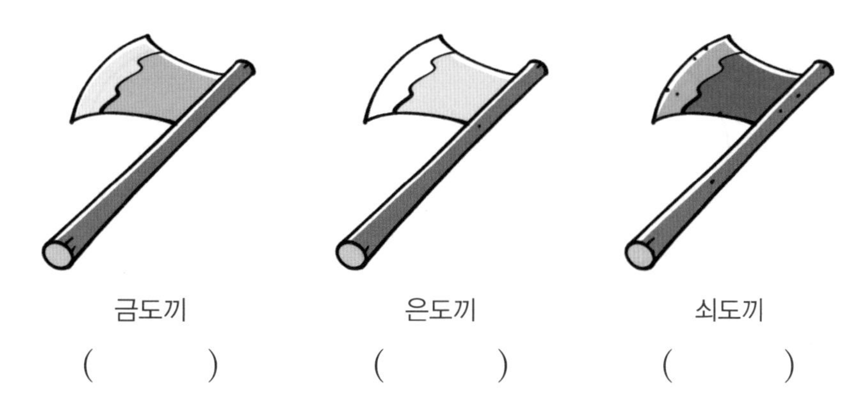

금도끼	은도끼	쇠도끼
( )	( )	( )

2 관계있는 것끼리 선으로 이어 보세요.

3 알맞은 말에 ○표 해 보세요.

금도끼를 선물 받은 뒤 나무꾼이 가진 도끼는
모두 (2 , 4 , 6)개가 되었고, (홀수 , 짝수)이다.

4 알맞은 단어를 골라 넣어 문장을 완성해 보세요.

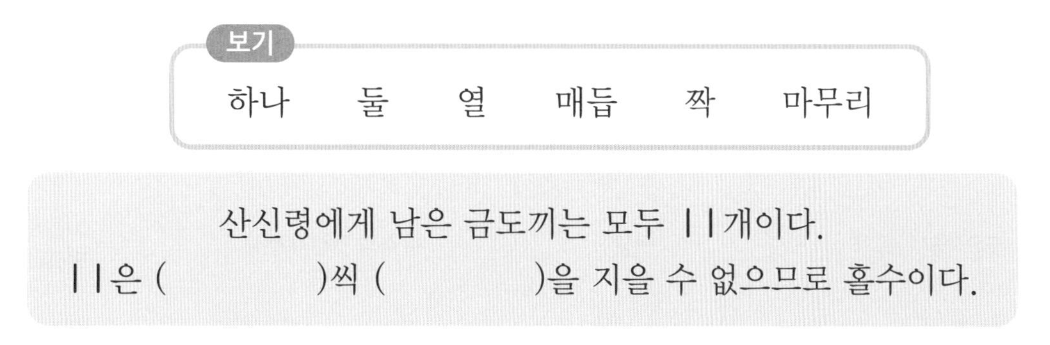

산신령에게 남은 금도끼는 모두 11개이다.
11은 (   )씩 (   )을 지을 수 없으므로 홀수이다.

세 수의 덧셈과 뺄셈

step 1 30초 개념

- 세 수의 덧셈은 앞에서부터 두 수를 더하고 그 결과에 남은 수를 더합니다.
- 세 수의 뺄셈은 앞에서부터 두 수를 빼고 그 결과에서 남은 수를 또 뺍니다.

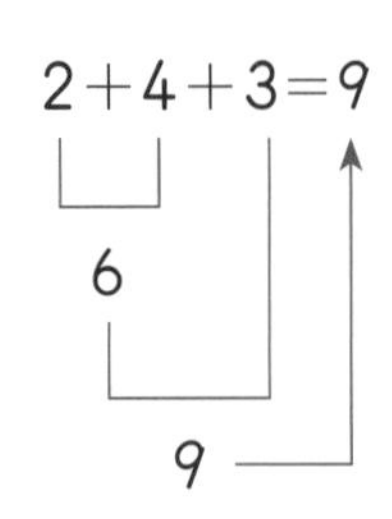

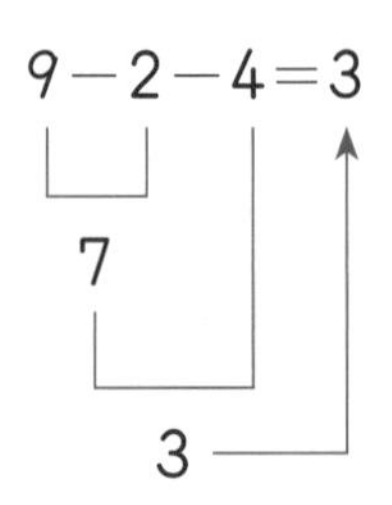

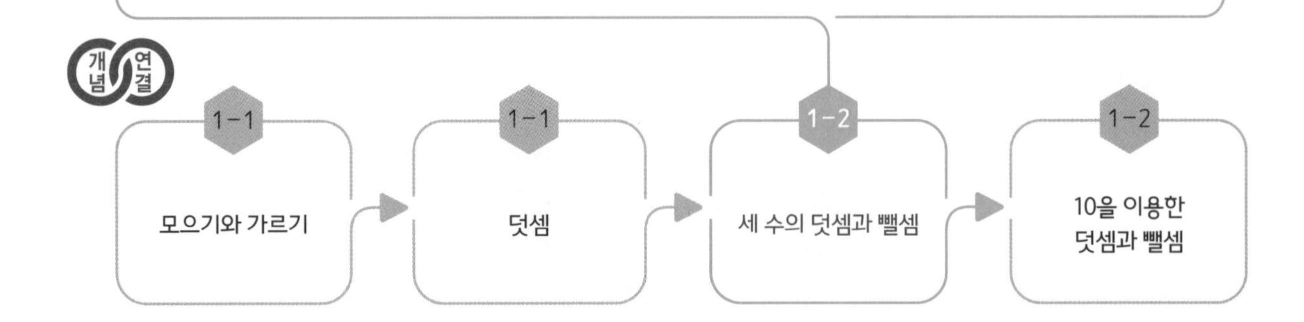

step 2 설명하기

질문 ❶ 세 수의 덧셈 $2+3+4$를 계산하고 그 과정을 설명해 보세요.

설명하기 세 수의 덧셈은 앞에서부터 두 수를 먼저 더하고 그 결과에 남은 수를 더합니다.
먼저 $2+3=5$이고 여기에 남은 수 4를 더하면 $5+4=9$입니다.
정리하면 $2+3+4=5+4=9$입니다.

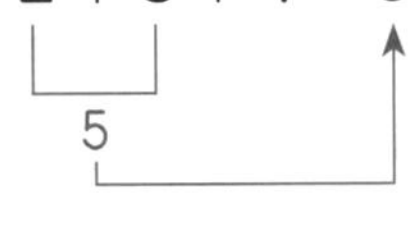

$2+3=5$, $3+2=5$와 같이 두 수의 덧셈은 바꾸어 더해도 결과가 같으므로 세 수의 덧셈도 꼭 앞에서부터 하지 않아도 결과가 같습니다.
$3+4=7$을 먼저 계산하고, 이어서 $2+7$을 계산해도 결과는 똑같이 9가 나옵니다.

질문 ❷ 세 수의 뺄셈 $7-2-3$을 계산하고 그 과정을 설명해 보세요.

설명하기 세 수의 뺄셈은 앞에서부터 두 수를 빼고 그 결과에서 남은 수를 또 뺍니다. 먼저 $7-2$를 계산하면 5이고, 여기서 다시 3을 빼면 2입니다.
다시 정리하면 $7-2-3=5-3=2$입니다.

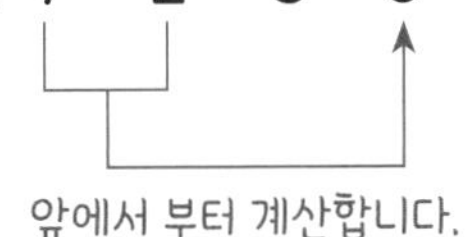

1 겨울이는 잠이 잘 오지 않아 양을 세어 보았습니다. □ 안에 알맞은 수를 써 보세요.

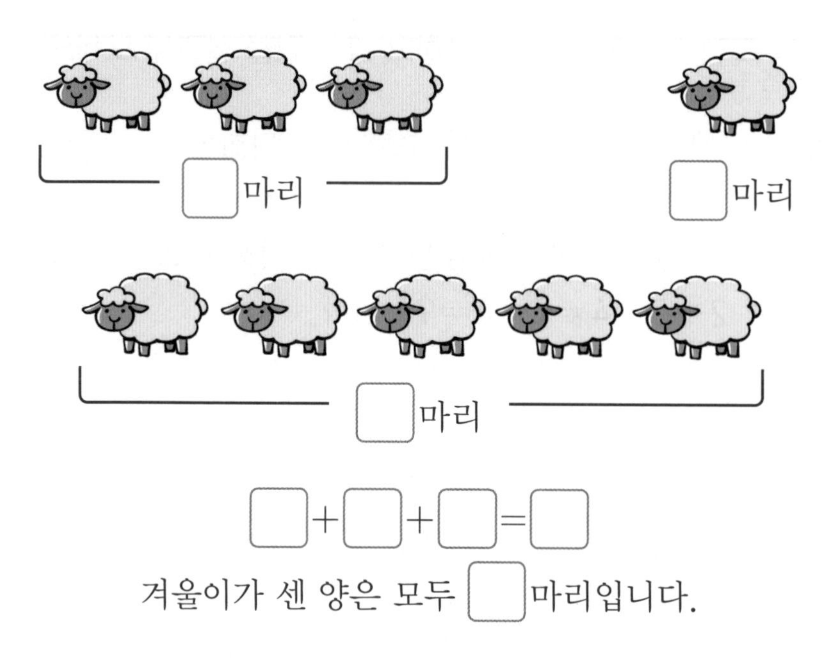

2 □ 안에 알맞은 수를 써 보세요.

(1) $3+2+4=\square$

(2) $3+2+4=\square$

3 □ 안에 알맞은 수를 써 보세요.

(1) $8-1=\square$, $\square-3=\square$

(2) $8-1-3=\square$

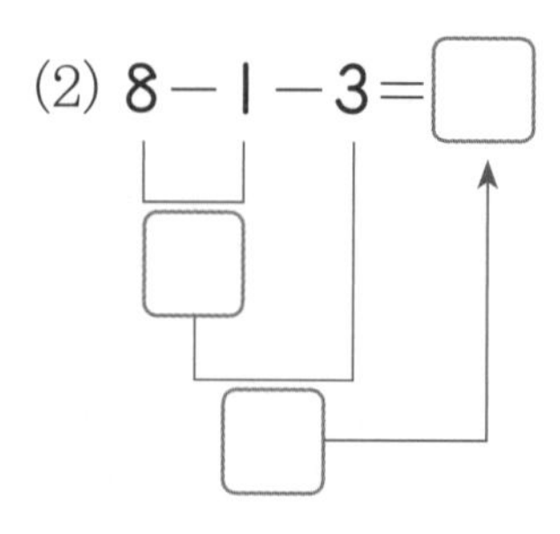

4 계산해 보세요.

(1) $1+3+5$　　(2) $2+2+4$

(3) $5-3-1$　　(4) $9-3-4$

5 봄이는 젤리 6개 중에서 1개를 아침에 먹고, 3개를 점심에 먹었습니다. 남은 젤리는 모두 몇 개인지 구해 보세요.

(　　　　　　　　)개

step 4 도전 문제

6 여름이에게 대답하는 말을 완성해 보세요.

세 수를 더할 때에는 뒤에 있는 두 수를 먼저 더해도 돼. 왜냐하면

____

____

7 수 카드를 이용하여 뺄셈식을 만들고 계산해 보세요.

4	1	7

□－□－□

뺄셈식 ________________

답 ____________

양궁과 과녁판

양궁은 점수가 쓰인 과녁판*에서 정해진 거리만큼 떨어져 활을 쏘는 경기이다. 활은 예로부터 사냥이나 전쟁에서 사용되던 무기였다. 우리나라에서 전해 오는 활쏘기인 국궁과 구분하기 위해 올림픽 경기에서의 활쏘기는 양궁이라고 부른다.

▲ 올림픽 양궁 경기　　▲ 김홍도의 「활쏘기」 그림 일부

과녁판에는 10개의 원이 그려져 있는데 원 가운데를 맞추면 10점이고, 그 외에는 칸에 적힌 숫자만큼 점수를 얻는다.

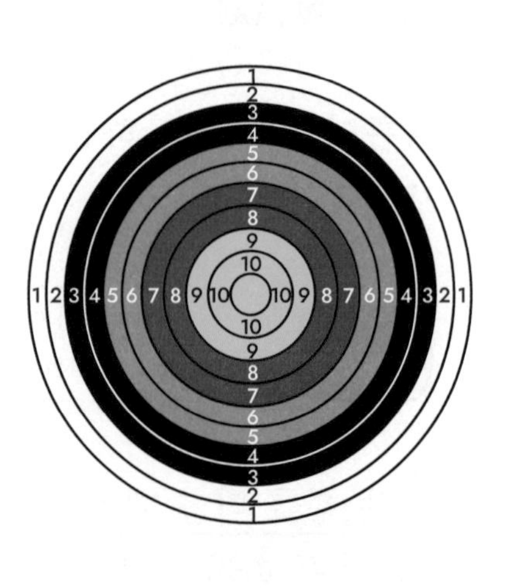

올림픽 경기에서는 보통 한 세트(set)에 한 사람당 한 발씩 번갈아 가며 각각 활을 세 번 쏜다. 모두 더한 것이 한 세트의 점수가 되고, 몇 세트를 쏘는지는 경기마다 정해진 규칙에 따라 결정된다.

* **과녁판**: 활이나 총 따위를 쏠 때 목표로 삼을 수 있게 만들어 놓은 판

1 활을 이용하는 경기가 아닌 것에 ○표 해 보세요.

양궁 | 비석 치기 | 국궁 | 활쏘기

2 활을 쏘는 판을 무엇이라고 하나요?

(　　　　　　　　)

[3~5] '가' 선수와 '나' 선수의 5세트 경기 결과를 보고 물음에 답하세요.

	5세트			합계
'가' 선수	3	5	1	
'나' 선수	2	4		8

3 '가' 선수는 5세트에서 몇 점을 얻었는지 앞에서부터 더해 보세요.

$3+5+1=\square$

4 '나' 선수가 5세트 세 번째에 쏜 점수를 과녁판에 ×로 나타내어 보세요.

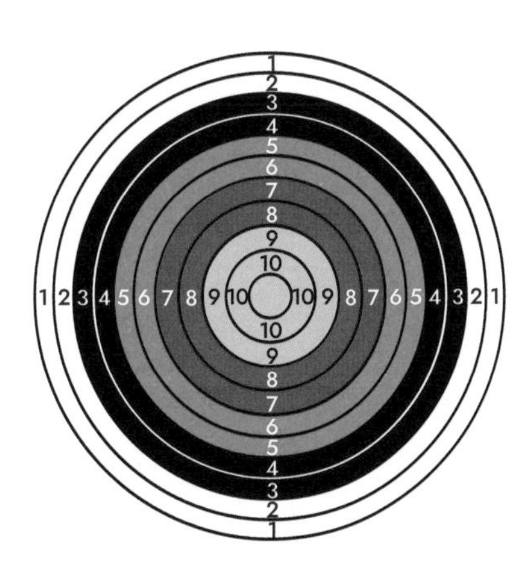

5 5세트에서 이긴 것은 어느 선수인가요?

(　　　　)선수

05 덧셈과 뺄셈(1)

10을 이용한 덧셈과 뺄셈

step 1 30초 개념

- 두 수를 더해 10이 되는 경우는 다음과 같습니다.

$\begin{cases} 1+9=10 \\ 9+1=10 \end{cases}$ $\begin{cases} 2+8=10 \\ 8+2=10 \end{cases}$ $\begin{cases} 3+7=10 \\ 7+3=10 \end{cases}$ $\begin{cases} 4+6=10 \\ 6+4=10 \end{cases}$ $5+5=10$

- 10에서 빼는 계산은 다음과 같습니다.

$\begin{cases} 10-1=9 \\ 10-9=1 \end{cases}$ $\begin{cases} 10-2=8 \\ 10-8=2 \end{cases}$ $\begin{cases} 10-3=7 \\ 10-7=3 \end{cases}$ $\begin{cases} 10-4=6 \\ 10-6=4 \end{cases}$ $10-5=5$

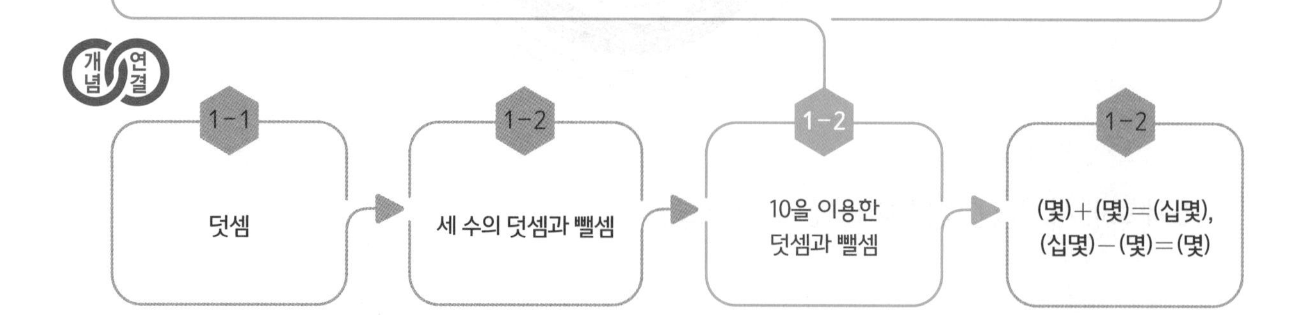

step 2 설명하기

질문 ❶ 10을 만들어 세 수의 덧셈을 계산해 보세요.

(1) $7+3+8$ (2) $3+9+1$

설명하기 (1) $7+3+8=$ 18

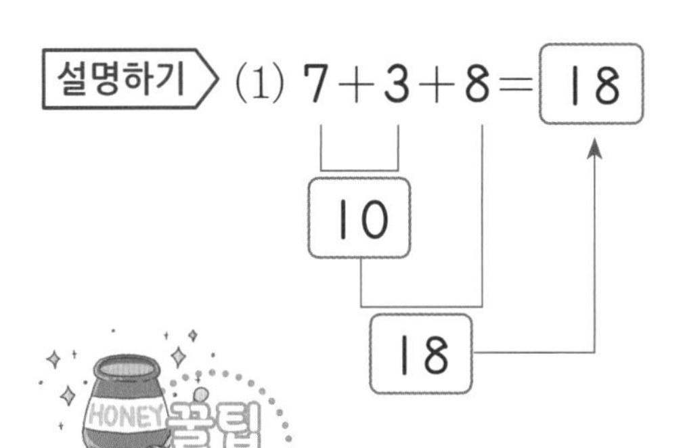

(2) $3+9+1=$ 13

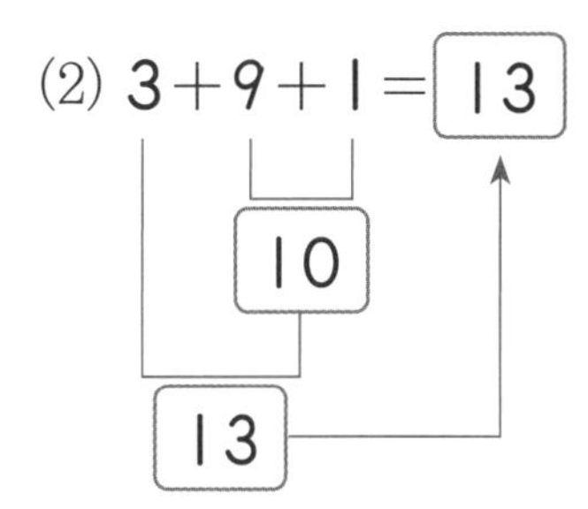

HONEY 꿀팁

양 끝의 두 수의 합이 10이 되는 경우는 양 끝의 수부터 더하는 것이 편리합니다.

(1) $8+5+2=$ 15

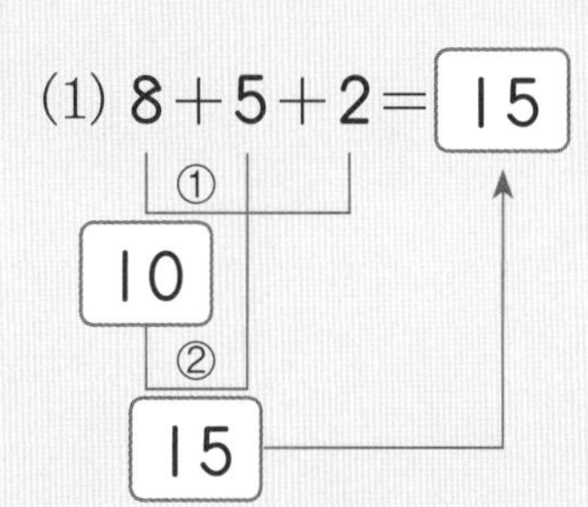

(2) $7+8+3=$ 18

①

10

②

18

질문 ❷ 바둑돌 10개를 두 손에 나누어 쥐었을 때 주먹을 쥔 손에 든 바둑돌의 개수를 구해 보세요.

(1)

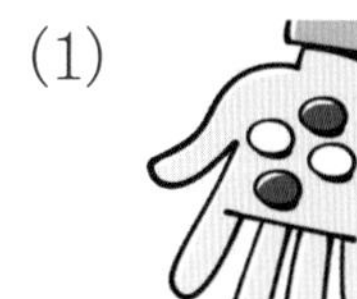

(2)

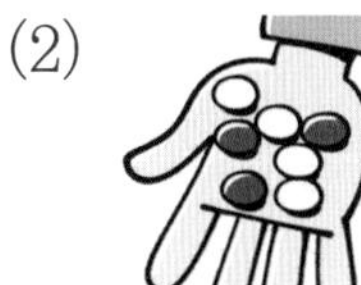

설명하기 (1) 펼친 손에 바둑돌이 4개 있으므로 주먹을 쥔 손에 있는 바둑돌의 개수는 $10-4=6$입니다.

(2) 펼친 손에 바둑돌이 7개 있으므로 주먹을 쥔 손에 있는 바둑돌의 개수는 $10-7=3$입니다.

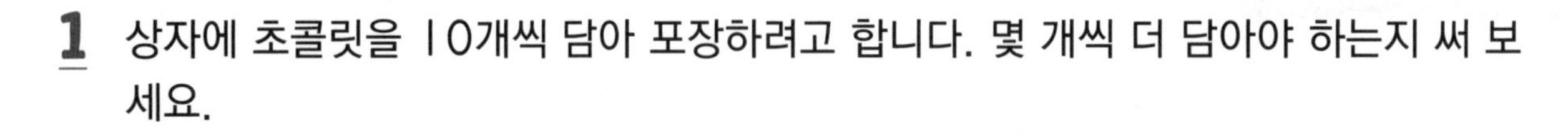

1 상자에 초콜릿을 10개씩 담아 포장하려고 합니다. 몇 개씩 더 담아야 하는지 써 보세요.

(1) 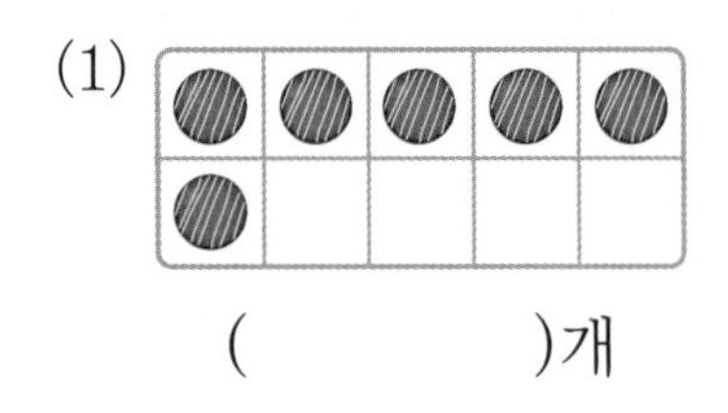

(　　　　)개

(2) 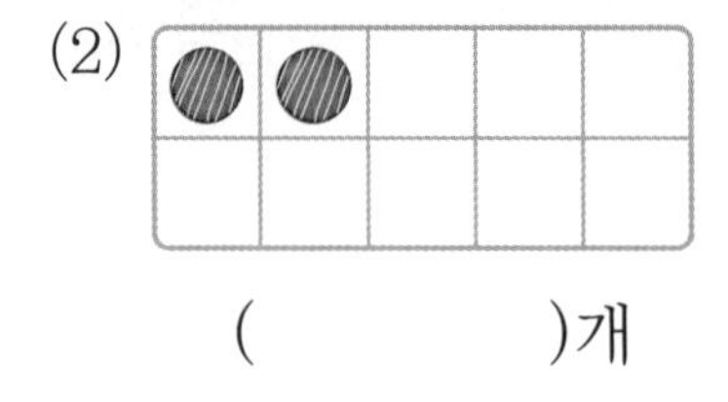

(　　　　)개

2 더하면 10이 되는 두 수를 찾아 써 보세요.

1　4　5　7　8　9

(　　　　　　　　)

3 더하면 10이 되는 두 수를 찾아 ○표 하고 계산해 보세요.

(1) $5+5+7$

(2) $4+2+6$

4 묶은 두 수의 합이 10이 되도록 □ 안에 알맞은 수를 쓰고, 세 수의 덧셈을 계산해 보세요.

$\square+7+8=\square$

5 봄이는 어항 3개에 물고기를 각각 4마리, 6마리, 5마리 기르고 있습니다. 물고기를 모두 커다란 수조로 옮기면 수조 안 물고기는 모두 몇 마리가 되는지 구해 보세요.

( )마리

step 4 도전 문제

6 두 수의 합이 2+5+3과 같은 것을 모두 골라 ○표 해 보세요.

2, 7	9, 3	4, 6	5, 5

7 가을이와 여름이는 3장의 카드의 합이 상대방보다 크면 이기는 숫자 카드 놀이를 하고 있습니다. 가을이가 이기려면 남은 한 장은 어떤 수를 뽑아야 하는지 모두 찾아 써 보세요.

2 3 ?

가을이가 가진 카드

1 4 6

여름이가 가진 카드

5 7 8 9

남은 카드

( )

공기놀이

공기놀이는 작은 공깃돌 다섯 개를 바닥에 놓고, 규칙에 따라 집거나 받는 전통 놀이이다. 공기놀이는 공깃돌을 구하기 쉽고 놀이 방법이 간단하여 언제 어디서나 즐길 수 있다. 이런 특징 때문에 공기놀이는 오래전에 처음 시작되었고, 지금까지 전해져 오면서 지역에 따라 불리우는 이름이나 규칙은 조금씩 달라지기도 했다.

공통 규칙은 한 알을 공중에 던지고, 내려오기 전에 바닥에 놓인 공기알을 집은 뒤 내려오는 공깃돌을 받는 것이다. 실수하면 다음 사람에게 차례가 넘어간다.

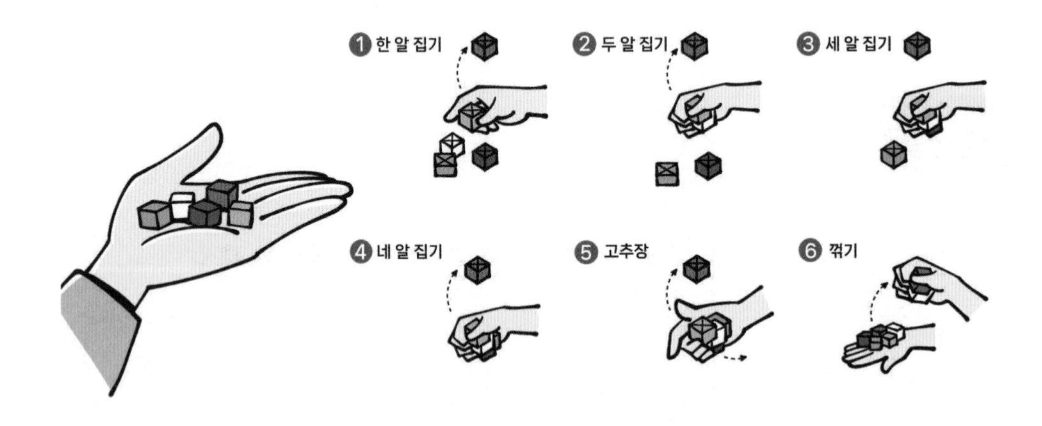

한 알 집기부터 시작하여 정해진 순서대로 실수 없이 마치면 1점을 얻는다. 목표 점수를 정해 먼저 그 점수를 얻는 사람이 이기기도 하고 판 수를 정해 점수가 가장 많은 사람이 이기기도 한다.

1 공기놀이를 설명하는 문장을 완성해 보세요.

공기놀이는 작은 □□□을 가지고 □□에 따라 집거나 받는 전통 놀이이다.

2 공기놀이를 할 때 실수가 아닌 행동은? (　　　　)

① 공중에 공깃돌을 던졌다.
② 바닥에 놓인 돌을 집지 못했다.
③ 던진 공깃돌이 바닥에 떨어졌다.

[3~5] 여름이와 가을이는 공기놀이를 세 판 했습니다. 점수표를 보고 물음에 답하세요.

	점수			합계
여름	3	2	7	
가을	2	2		

3 여름이는 모두 몇 점을 얻었는지 합이 10이 되는 두 수를 이용하여 계산해 보세요.

$3+2+7=$ □

4 가을이가 모두 10점을 얻었다면 세 번째 판에서 얻은 점수는 몇 점인가요?

(　　　　　　　　)점

5 가을이가 여름이를 이기려면 세 번째 판에서 적어도 몇 점을 얻어야 하나요?

(　　　　　　　　)점

06

모양과 시각

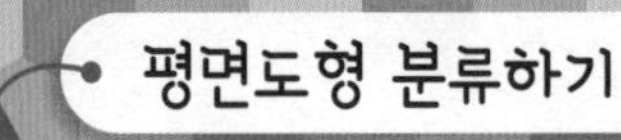

평면도형 분류하기

step 1 30초 개념

- 주변의 물건을 같은 모양끼리 분류하기
  ① 교실이나 생활 주변에 있는 여러 가지 물건을 찾기
  ② 여러 가지 물건의 부분적인 모양의 특징을 관찰하기
  ③ 관찰한 물건을 □, △, ○ 모양으로 분류하기
- 일상생활이나 교실에서 여러가지 모양을 찾을 때에는 물건의 전체 모양이 □, △, ○ 모양이거나 어떤 한 부분이 □, △, ○ 모양인 것을 찾습니다.

개념 연결

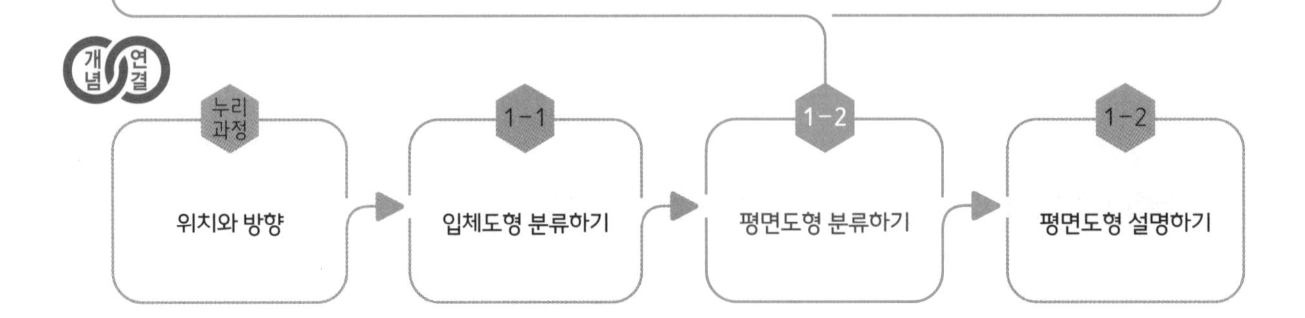

step 2 설명하기

질문 ❶ 교실에 있는 물건 중 다음 모양을 2가지씩 찾아보세요.

- □ 모양:
- △ 모양:
- ○ 모양:

설명하기

- □ 모양: 상자 바닥, 필통 바닥, 책 표지, 종이, 컴퓨터 모니터 화면
- △ 모양: 옷걸이, 삼각자
- ○ 모양: 축구공을 위에서 본 모습, 지구본을 위에서 본 모습, 소고, 탬버린, 딱풀 바닥

질문 ❷ 우리 주변에 있는 물건 중 다음 모양을 2가지씩 찾아보세요.

- □ 모양:
- △ 모양:
- ○ 모양:

설명하기

- □ 모양: 장난감 상자 바닥, 휴지 상자 바닥, 책 표지, □모양 비스킷, 텔레비전 화면, 모니터 화면
- △ 모양: △모양 과자, 조각 케이크 바닥, 샌드위치, 삼각김밥, 횡단보도 표지판
- ○ 모양: 동전, 도넛, 피자, 시계

1 보기 와 같은 모양인 것을 찾아 ○표 해 보세요.

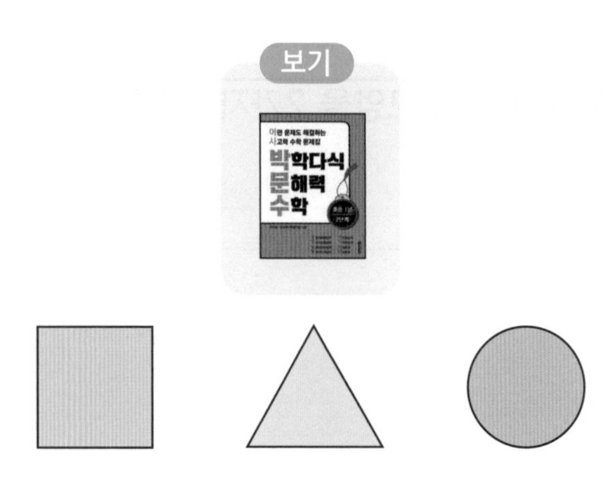

2 같은 모양인 것이 가장 많은 모양을 찾아 색칠해 보세요.

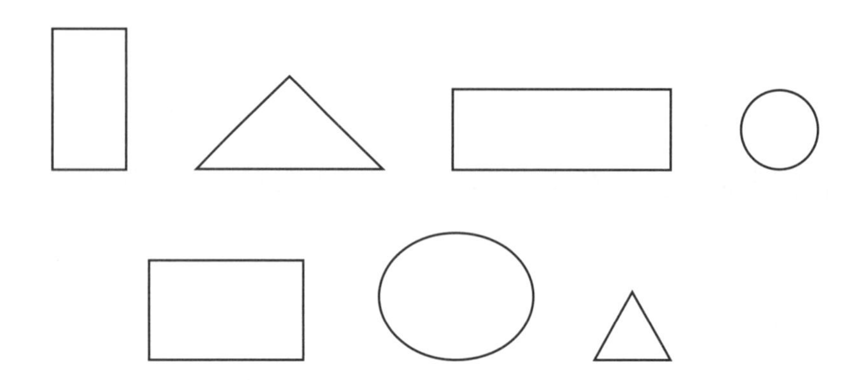

3 ○ 모양을 모두 찾아 기호를 써 보세요.

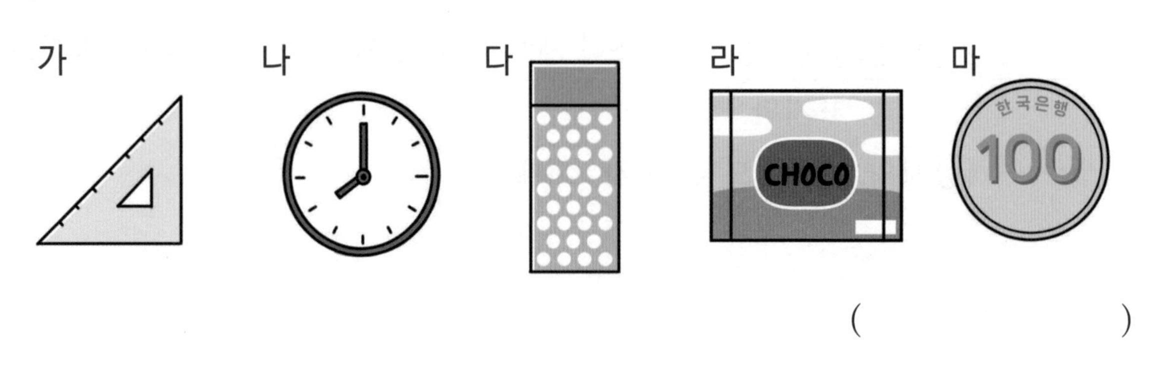

( )

4 여름이는 블록 조각의 바닥 모양을 본떠 보았습니다. 같은 모양인 것들끼리 나누어 빈칸에 알맞은 기호를 써 보세요.

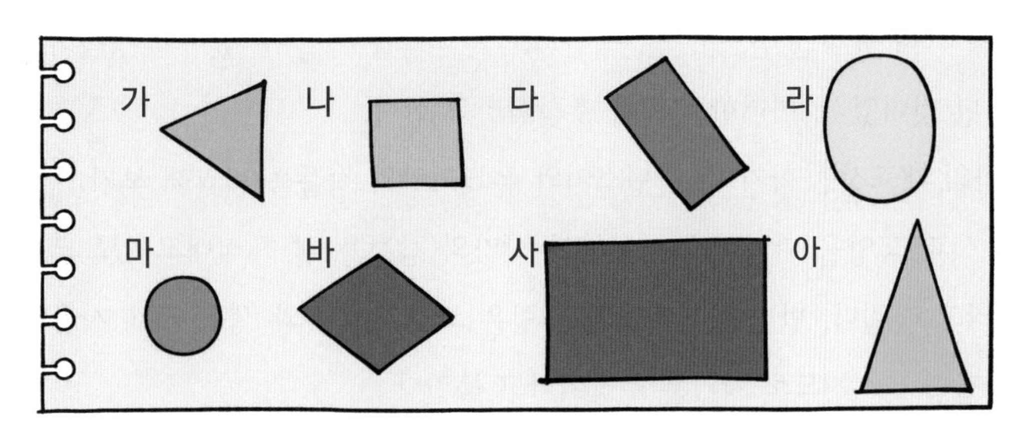

□ 모양	
△ 모양	
○ 모양	

step 4 도전 문제

5 모양이 다른 하나를 골라 ○표 해 보세요.

6 다음과 같은 모양의 지우개를 한 방향으로 한 번 잘랐을 때 찾을 수 없는 모양에 ○표 해 보세요.

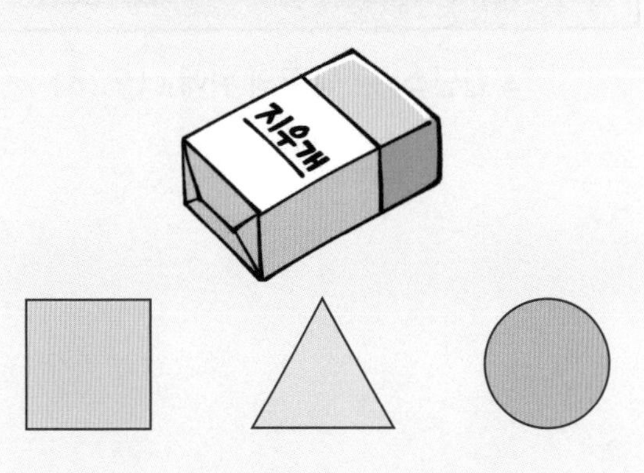

그림이 따뜻하대!

도형만으로 그림을 그린 화가들이 있다. 그 전까지는 화가들이 눈에 보이는 자연의 모습만을 그려 왔지만 점, 선, 면, 색만으로도 그림을 그릴 수 있다고 생각하는 화가들이 생겨난 것이었다. 이러한 그림을 추상화라고 한다.

추상화의 대표적인 화가 중 칸딘스키와 몬드리안의 작품을 비교해 보자. 칸딘스키의 그림은 색과 모양을 다양하게 사용하여 작가의 감정을 잘 드러내고 있으므로 따뜻한 추상이라고 불린다. 반면 몬드리안의 그림은 모양의 종류와 색을 적게 사용하여 단순하고 차갑게 느껴지므로 차가운 추상이라고 불린다.

미술 작품 속에 우리가 배운 도형들이 숨어 있는지 확인해 보자.

▲ **칸딘스키, 「앞 끝의 위에」**(1928)

▲ **몬드리안, 「빨강, 파랑과 노랑의 구성 II」**(1930)

1 점, 선, 면, 색만으로 그린 그림을 무엇이라고 하나요?

( )

2 칸딘스키의 그림에서 ◯ 모양은 모두 몇 개인가요?

( )개

3 칸딘스키와 몬드리안의 그림에서 각각 어떤 모양을 찾을 수 있나요?

칸딘스키	
몬드리안	

4 관계있는 것끼리 선으로 이어 보세요.

칸딘스키 •	• 다양한 모양과 색 •	• 차가운 추상
몬드리안 •	• 단순한 모양과 색 •	• 따뜻한 추상

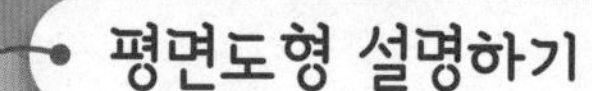

step 1 30초 개념

- □, △, ○ 모양의 특징을 각각 설명하고 비교해 봅니다.

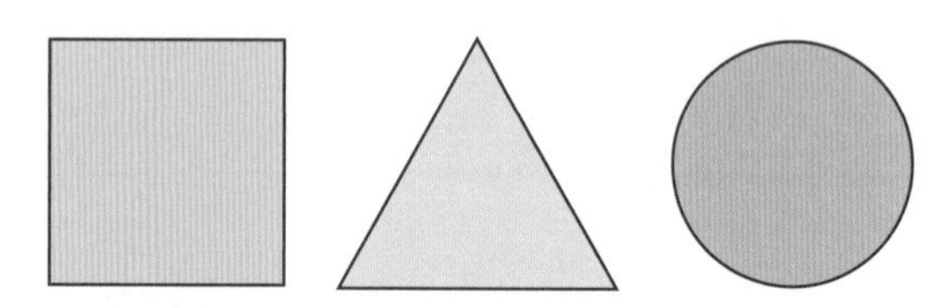

- 일상생활이나 교실에서 □, △, ○ 모양이거나 □, △, ○ 모양을 가진 물건을 찾아 그 특징을 살펴봅니다.

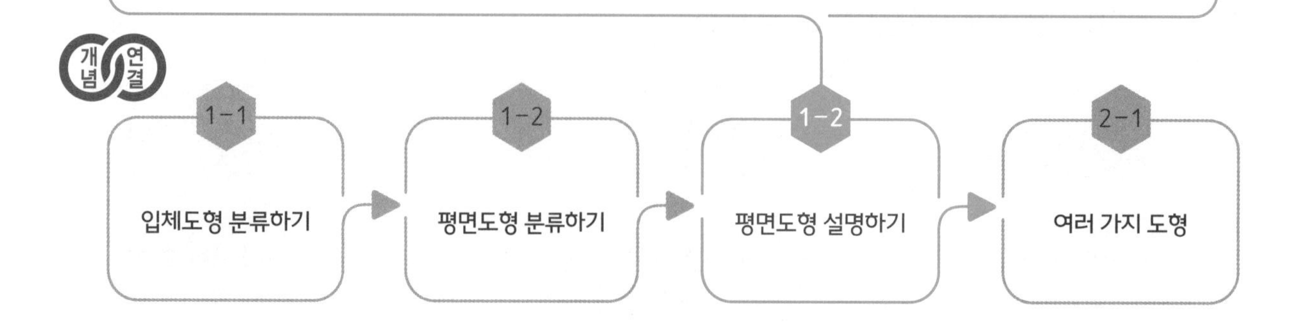

step 2 설명하기

질문 ❶ ▢ 모양의 특징을 설명해 보세요.

설명하기 ▢ 모양은 다음과 같은 특징을 가지고 있습니다.
- 곧은 선으로 둘러싸여 있습니다.
- 뾰족한 곳이 네 군데 있습니다.
- 잘 굴러가지 않습니다.

질문 ❷ △ 모양의 특징을 설명해 보세요.

설명하기 △ 모양은 다음과 같은 특징을 가지고 있습니다.
- 곧은 선으로 둘러싸여 있습니다.
- 뾰족한 곳이 세 군데 있습니다.
- 잘 굴러가지 않습니다.

질문 ❸ ◯ 모양의 특징을 설명해 보세요.

설명하기 ◯ 모양은 다음과 같은 특징을 가지고 있습니다.
- 둥근 선으로 둘러싸여 있습니다.
- 뾰족한 곳이 없습니다.
- 자전거 바퀴처럼 항상 잘 굴러갑니다.

1 찰흙 반대기에 블록 조각의 바닥을 찍어 보았습니다. 찍힌 모양으로 알맞은 것을 선으로 이어 보세요.

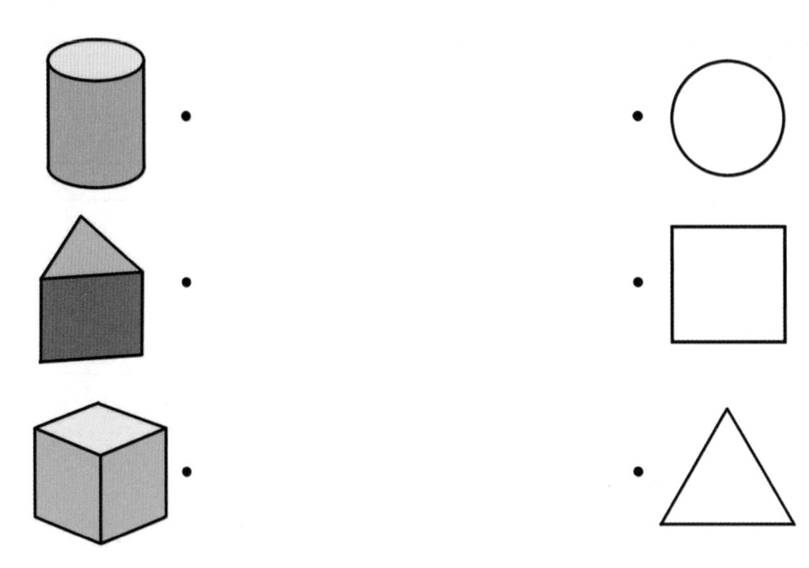

2 물건들의 특징으로 알맞은 말에 ○표 해 보세요.

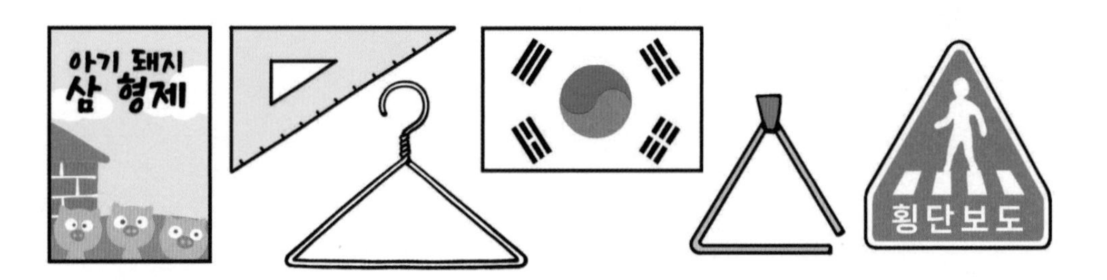

(곧은 선, 둥근 선)으로 둘러싸여 있고, 뾰족한 부분이 (있습니다, 없습니다).

3 친구들이 설명하는 모양을 각각 그려 보세요.

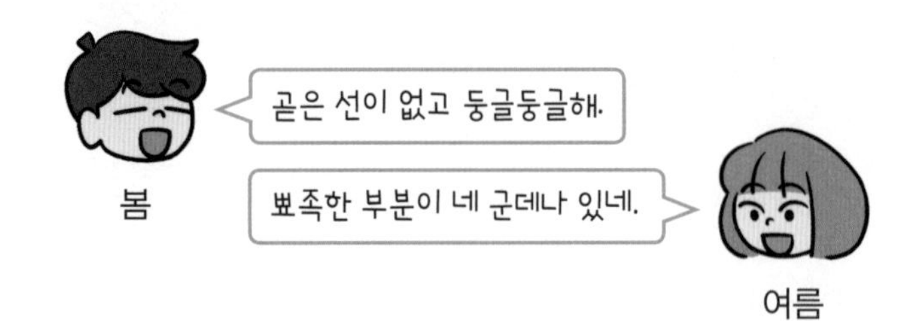

봄	여름

4 사진을 보고 도화지에 그림을 그렸습니다. 오른쪽 그림에 모양을 각각 몇 개 사용했는지 써 보세요.

□ 모양: (　　　　)개

△ 모양: (　　　　)개

○ 모양: (　　　　)개

step 4 도전 문제

5 자전거 바퀴가 ○ 모양인 이유로 알맞은 말에 ○표 해 보세요.

뾰족한 곳이(있어서, 없어서)
페달을 밟으면(잘 굴러가기,
잘 굴러가지 않기) 때문입니다.

6 아래 그림에 □ 모양 3개를 더 그려서 그림을 꾸미려고 합니다. 완성된 그림에는 □ 모양이 모두 몇 개있을까요?

(　　　　)개

색종이와 종이접기

색색의 색종이로 여러 가지 물건이나 동물 모양을 접어 본 적이 있나요? 우리는 왼쪽의 ▢ 모양의 색종이를 많이 쓰지만, 오른쪽 모양처럼 ◯ 모양의 색종이도 있답니다.

삼각 접기를 해 보세요.

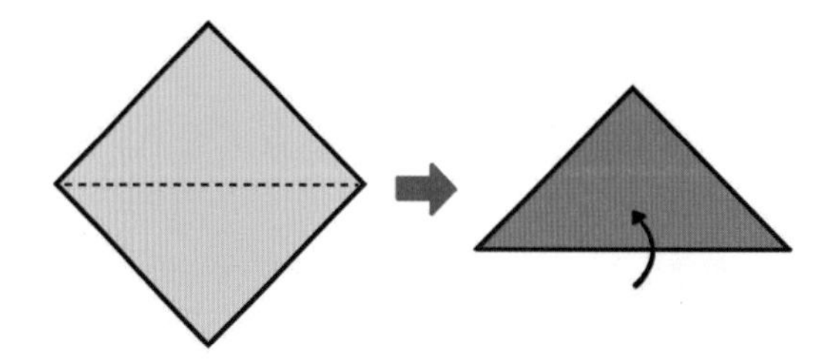

▢ 모양 색종이를 뾰족한 부분을 위로 두고 반 접어 올리면 됩니다.

이번에는 방석 접기를 해 볼까요?

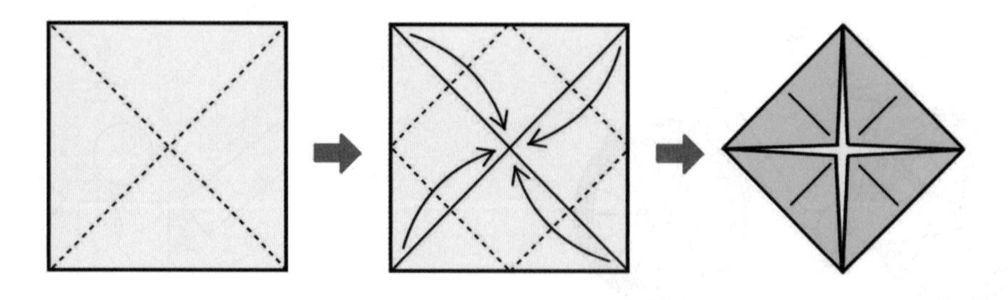

삼각 접기를 다른 방향으로 각각 한 번씩 접고, 색종이의 뾰족한 부분을 가운데로 모아 접어 주세요. 어떤 모양을 찾을 수 있나요?

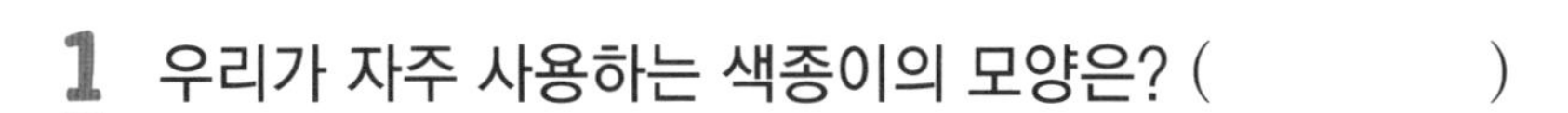

1 우리가 자주 사용하는 색종이의 모양은? (　　　　　)

① 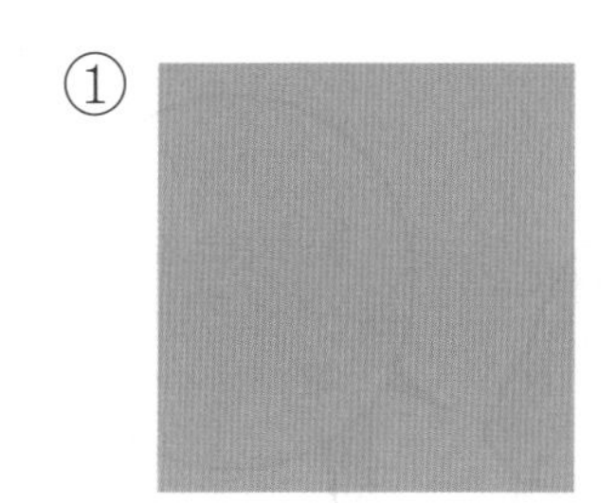 ② 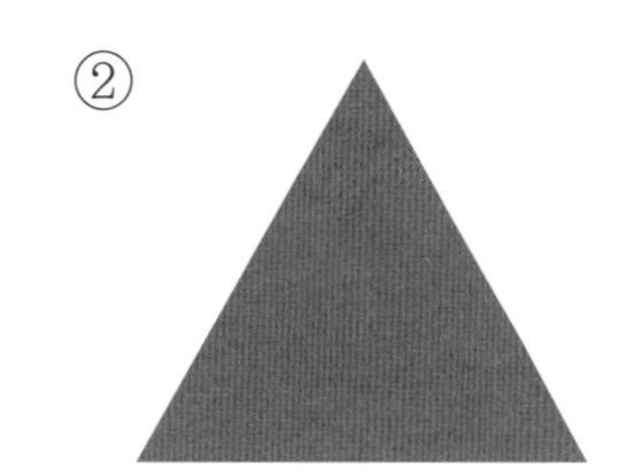 ③ 

2 삼각 접기에 관한 설명으로 알맞은 것은? (　　　　　)

① ☐ 모양의 색종이를 뾰족한 부분을 위로 두고 반 접어 올린다.
② △ 모양의 색종이를 뾰족한 부분을 위로 두고 반 접어 올린다.
③ ◯ 모양의 색종이를 뾰족한 부분을 위로 두고 반 접어 올린다.

3 방석 접기를 한 종이에서 찾을 수 있는 모양의 특징을 찾아 ○표 해 보세요.

(곧은, 굽은) 선으로 둘러싸여 있다. 뾰족한 부분이 (있다, 없다).

4 종이의 모양과 알맞은 특징을 선으로 이어 보세요.

 • 　　　　• 뾰족한 곳이 없다.

 • 　　　　• 뾰족한 곳이 네 군데 있다.

 • 　　　　• 뾰족한 곳이 세군데 있다.

08 몇 시 30분

모양과 시각

step 1 30초 개념

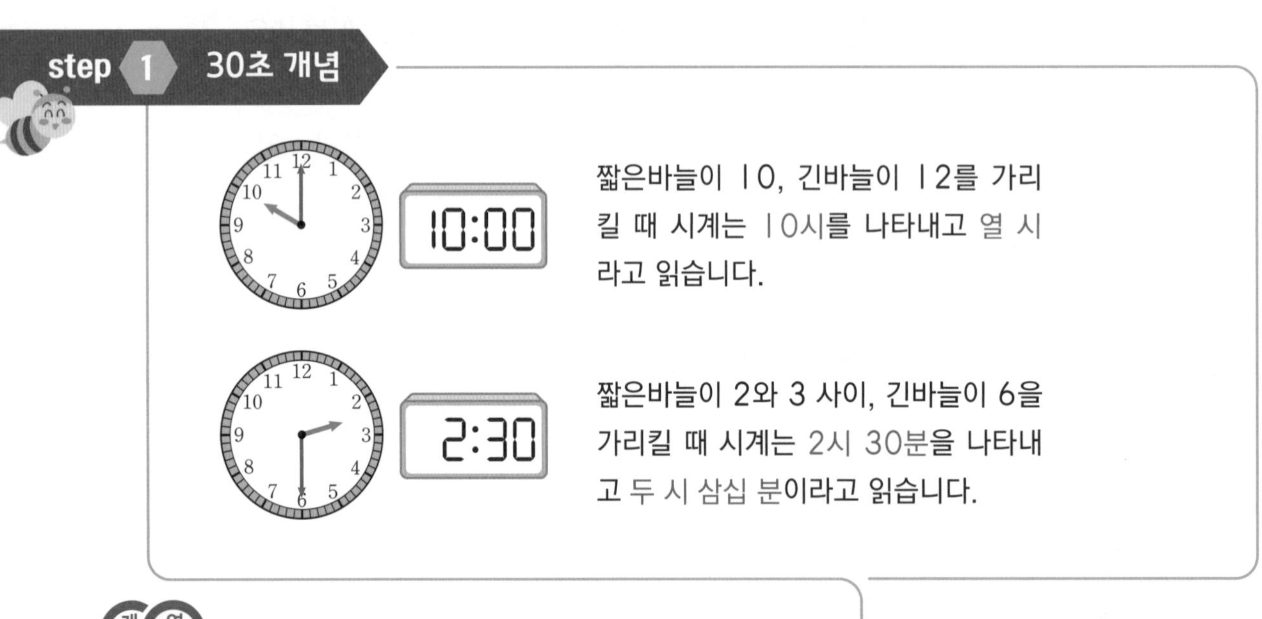

짧은바늘이 10, 긴바늘이 12를 가리킬 때 시계는 10시를 나타내고 열 시라고 읽습니다.

짧은바늘이 2와 3 사이, 긴바늘이 6을 가리킬 때 시계는 2시 30분을 나타내고 두 시 삼십 분이라고 읽습니다.

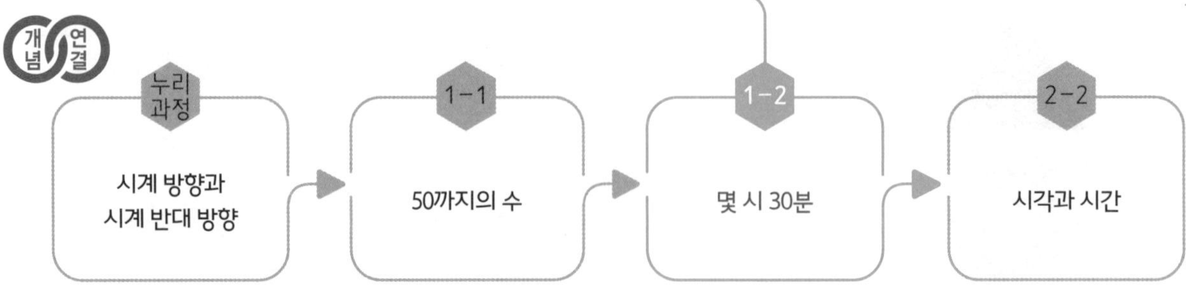

step 2 설명하기

질문 ❶ 다음 시각을 나타내는 시곗 바늘을 그려 보세요.

(1) 2시

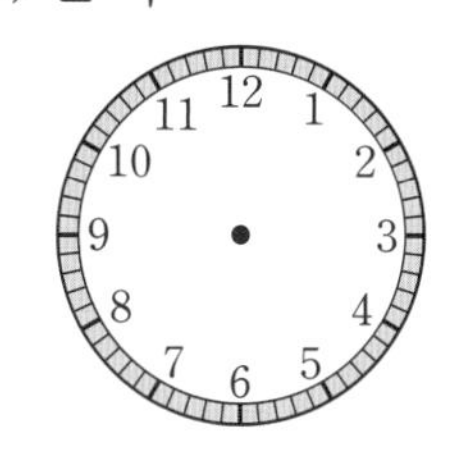

(2) 5시

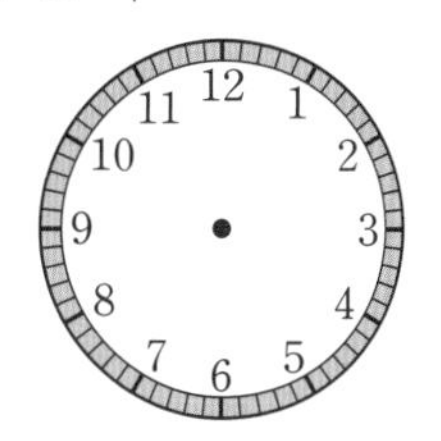

설명하기 '몇 시'를 나타내는 긴바늘은 항상 12를 가리키고, 짧은바늘은 해당 숫자를 가리킵니다.

(1) 2시

긴바늘 ➡ 12
짧은바늘 ➡ 2

(2) 5시

긴바늘 ➡ 12
짧은바늘 ➡ 5

질문 ❷ 시계에 3시 30분이 잘 나타나 있는지 설명해 보세요.

설명하기 '몇 시 30분'에 긴바늘은 항상 6을 가리키고 짧은바늘은 두 숫자 사이를 가리킵니다. 그림에서 3시 30분이 되려면 짧은바늘의 위치가 3과 4 사이로 고쳐져야 합니다.

1 그림을 보고 □ 안에 알맞은 수를 써넣으세요.

(1)

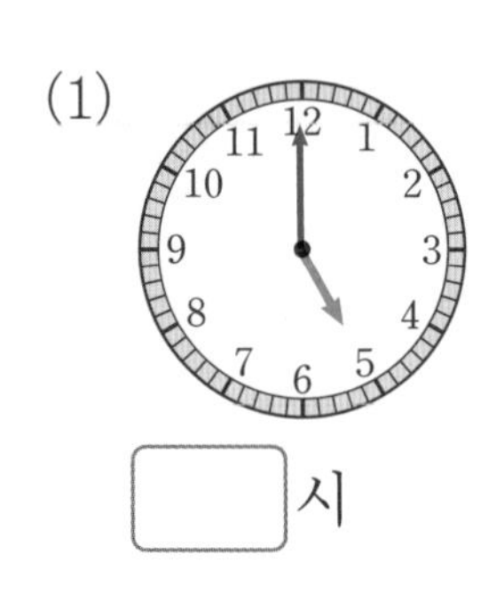

□시

(2)

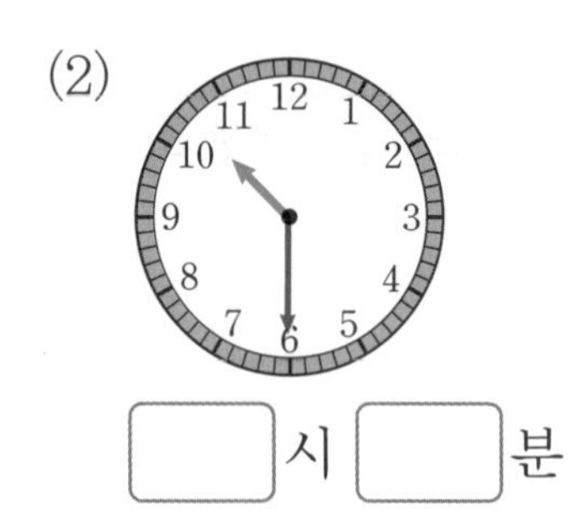

□시 □분

2 스마트워치의 시각을 보고, 빈 시계에 시곗바늘을 그려 넣으세요.

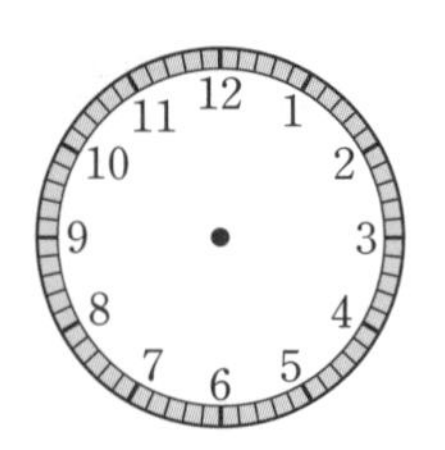

3 5시에 영화가 시작해서 7시 30분에 끝났습니다. 영화가 끝난 시각에 맞게 시곗바늘을 그려 넣으세요.

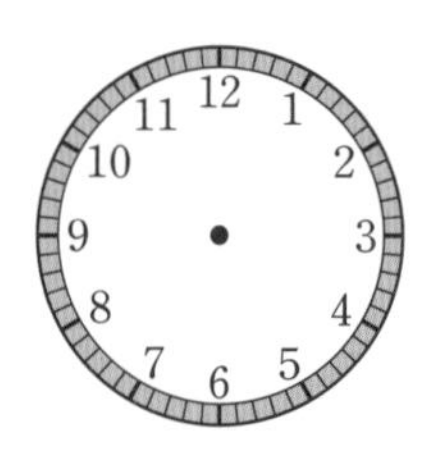

4 다음은 여름이의 토요일 계획을 적은 것입니다. 여름이가 토요일에 시계의 시각에 무엇을 하고 있을지 써 보세요.

9시	집에서 출발
11시	공룡 박물관 관람 시작
12시 30분	점심 식사
1시 30분	집으로 출발
3시 30분	집에 도착

(   )

5 관계있는 것끼리 선으로 이어 보세요.

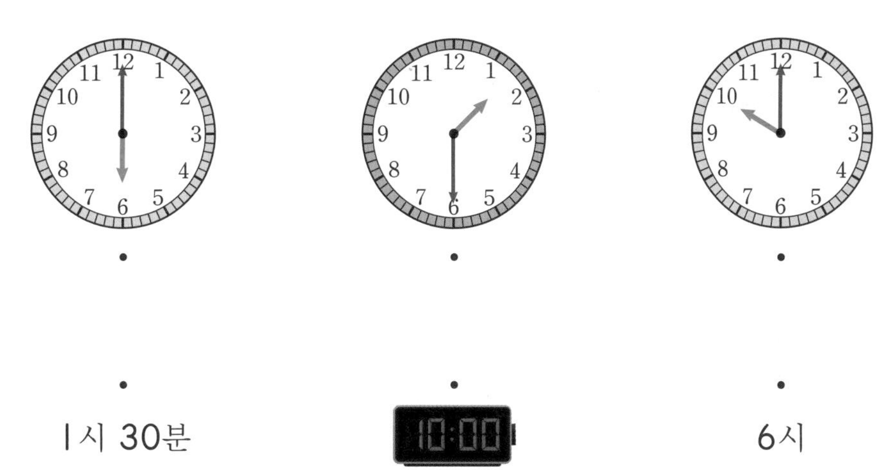

step 4 도전 문제

6 시계들의 공통점이 무엇인지 알맞은 말에 ○표 해 보세요.

시계의 (긴, 짧은)바늘이 모두
숫자 (6, 12)를 가리키고 있습니다.

7 시계에서 이상한 부분을 찾아 써 보세요.

해시계부터 스마트워치까지

시계는 시각을 알려 주는 장치를 말한다. 먼 옛날에도 사람들은 해시계나 물시계를 사용하여 시간을 재었다.

해시계는 해그림자를 이용한 시계이다. 해가 뜨고 지면서 그림자의 방향이 달라지는 것을 이용하여 시각을 확인 할 수 있었다. 물시계는 그릇 바닥에 작은 구멍을 뚫고, 시간이 지나면 아래쪽 그릇에 물이 얼마나 차오르는지를 눈금으로 확인하는 기계였다.

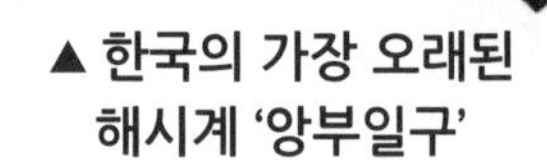
▲ 한국의 가장 오래된 해시계 '앙부일구'

하지만 사람들은 더 정확한 시간을 알고 싶었고, 톱니바퀴 같은 기계 장치를 이용해서 더 정교한 시계를 만들기 시작했다. 옛날에는 시계가 귀하고 비싼 물건이어서 많은 사람이 볼 수 있게 크고 높은 시계탑을 만들었지만, 나중에는 손목에 두르고 다닐 수 있을 만큼 작아졌다. 요즘은 스마트폰이나 스마트워치 같은 전자 기기로 언제 어디서나 정확한 시간을 알 수 있다.

▲ 장영실이 만든 물시계 '자격루'

▲ 시계탑

▲ 손목시계

▲ 스마트워치

1 시각을 알려 주는 장치를 무엇이라고 하나요?

( )

2 정교한 시계가 만들어지기 전 사람들이 이용한 시계를 모두 고르세요.

( )

① 시계탑 ② 해시계 ③ 스마트워치
④ 스마트폰 ⑤ 물시계

3 시계탑과 손목시계가 가리키는 시각을 읽어 보세요.

• 시계탑: ☐시 • 손목시계: ☐시 ☐분

4 친구의 스마트워치를 보았더니 내가 가진 손목시계와 시간이 달랐습니다. 스마트워치의 시간에 맞게 내 손목시계의 바늘을 그려 보세요.

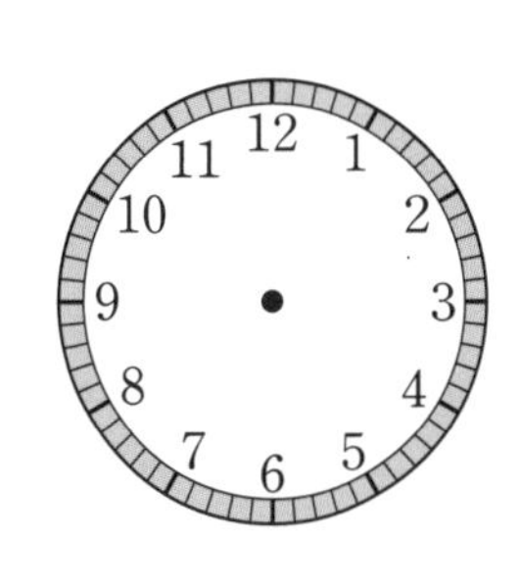

(몇) + (몇) = (십몇)

step 1 30초 개념

- 10을 이용한 모으기와 가르기를 통해서 (몇)+(몇)=(십몇)을 계산할 수 있습니다.

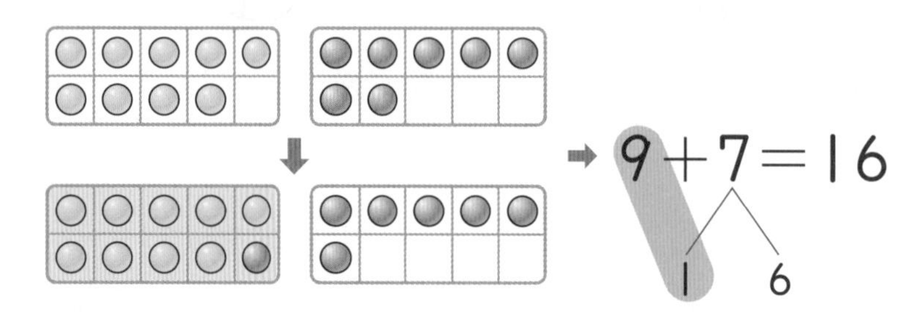

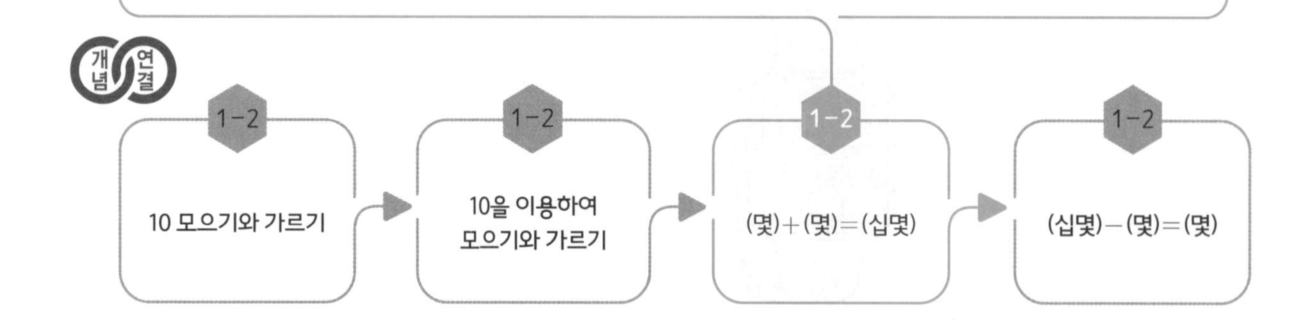

공부한 날 월 일

step 2 설명하기

질문 ❶ 더하는 수를 가르기 하여 10을 만드는 방법으로 8+7을 계산해 보세요.

설명하기 더하는 수 7을 2와 5로 가르기 한 다음 8+2를 하여 10을 만듭니다.

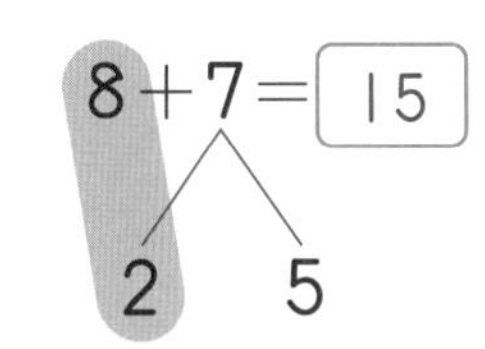

양쪽에 있는 5를 모으기 하여 10을 만드는 방법으로 8+7을 계산할 수 있습니다.

8+7=15

3 5 5 2

질문 ❷ 더해지는 수를 가르기 하여 10을 만드는 방법으로 6+8을 계산해 보세요.

설명하기 더해지는 수 6을 4와 2로 가르기 한 다음 2+8을 하여 10을 만듭니다.

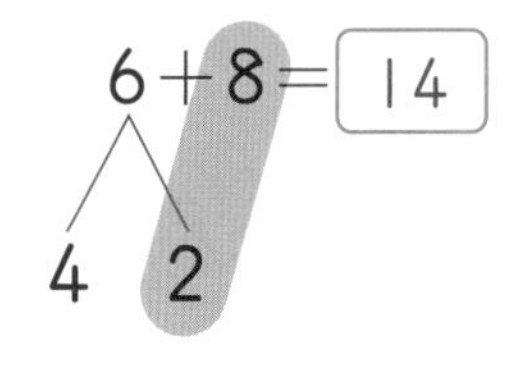

1 8+5를 계산하려고 합니다. 그림과 식을 완성해 보세요.

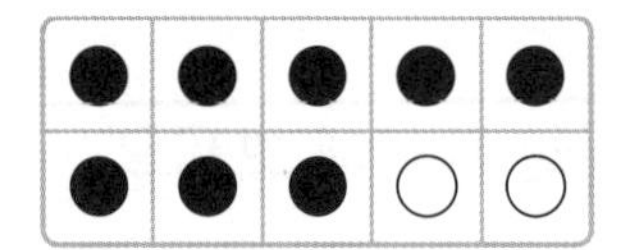

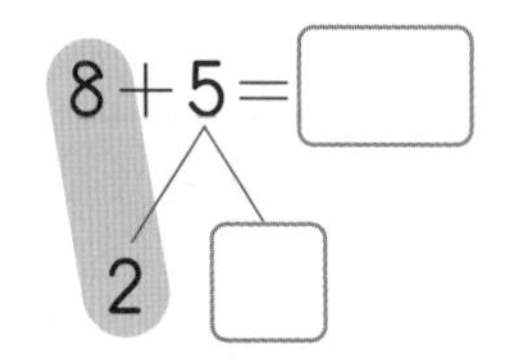

2 □ 안에 알맞은 수를 써넣으세요.

(1) 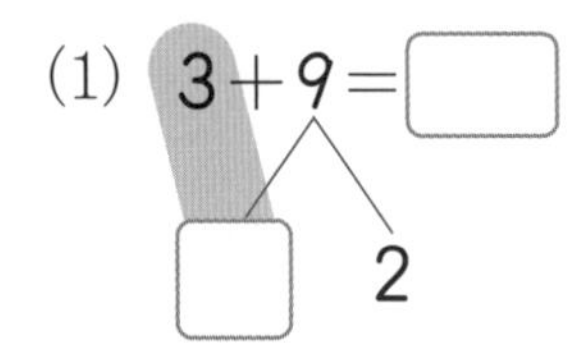

(2) 9+4=□

3 보기 7을 4와 3으로 가르기 한 이유를 설명한 것입니다. □ 안에 알맞은 수를 써 보세요.

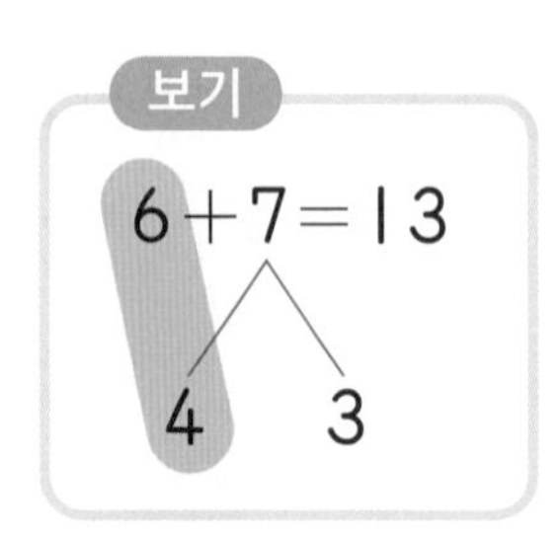

6과 □를 더하면 □이 되고, 여기에 3을 더하면 □이 되어 쉽게 계산할 수 있습니다.

4 밤에 북쪽 하늘을 바라보면 국자 모양의 북두칠성과 W모양의 카시오페이아 별자리가 마주 보고 있습니다. 그림을 보고, 두 별자리에 있는 별의 수는 모두 몇 개인지 써 보세요.

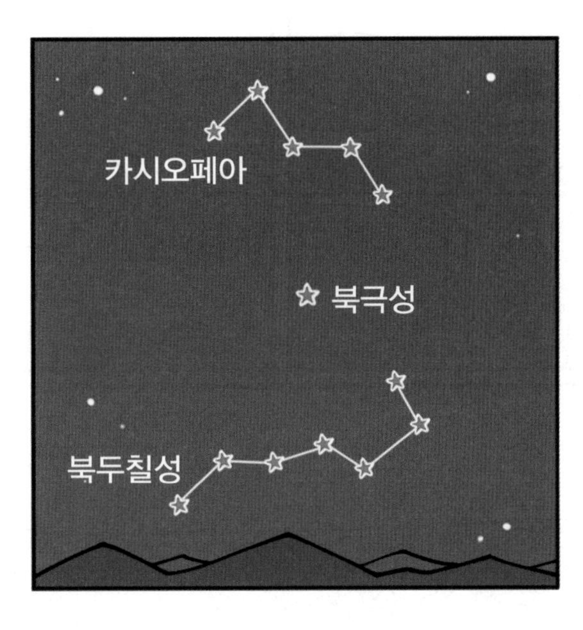

식 ______________________

답 ______________ 개

step 4 도전 문제

5 겨울이는 다음과 같이 9를 가르기 하고 10을 만드는 방법으로 덧셈을 계산했습니다. □ 안에 알맞은 수를 써 보세요.

9 + □ = □

4 5

6 다음 중 가장 큰 수와 가장 작은 수를 골라 두 수의 합을 구해 보세요.

6 4 5 9 8

□ + □ = □

보석의 주인은 누구일까?

옛날 어느 마을에 살고 있던 가난한 농부가 열심히 돈을 모아 나귀를 샀습니다.

상인은 나귀의 안장도 함께 주었습니다.

집에 돌아와 보니 안장에는 작은 주머니가 달려 있었고, 그 안에는 다이아몬드 7개와 금덩어리 6개가 들어 있었습니다.

농부는 상인에게 주머니를 들고 가서 보석을 돌려주려 하였습니다.
내가 산 것은 나귀뿐이니 보석은 돌려 드리겠어요.

하지만 상인은 보석을 농부에게 모두 주었답니다.
나귀를 샀을 때 안장도 함께 드렸으니 그 안의 보석도 당신의 것입니다.

1 농부는 보석을 어디에서 발견했나요?

돈을 주고 사 온 나귀의 ☐☐에 있던 ☐☐☐

2 농부는 다음과 같이 보석의 개수를 세었습니다. ☐ 안에 알맞은 수를 써넣으세요.

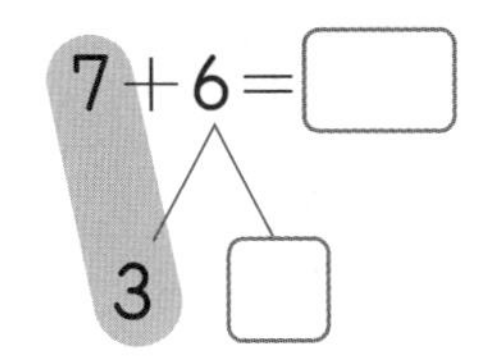

3 상인은 다음과 같은 방법으로 보석의 수를 세었습니다. ☐ 안에 알맞은 수를 써넣으세요.

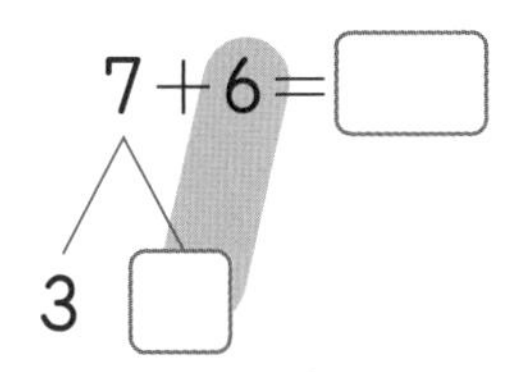

4 농부와 상인이 수를 센것과 다른 방법으로 보석이 모두 몇 개인지 구해 보세요.

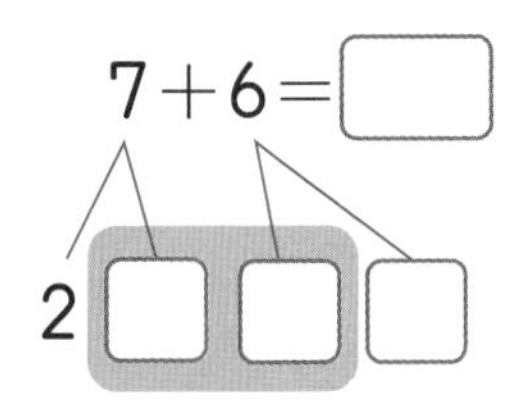

5 보석은 누가 가져야 좋을지 알맞은 말에 ○표 해 보세요.

(농부, 상인)이/가 가져야 한다. 왜냐하면 (농부, 상인)의 말이 옳다고 생각하기 때문이다.

10 덧셈과 뺄셈(2)

step 1 30초 개념

• 다양한 방법으로 (십몇)−(몇)=(몇)을 계산할 수 있습니다.

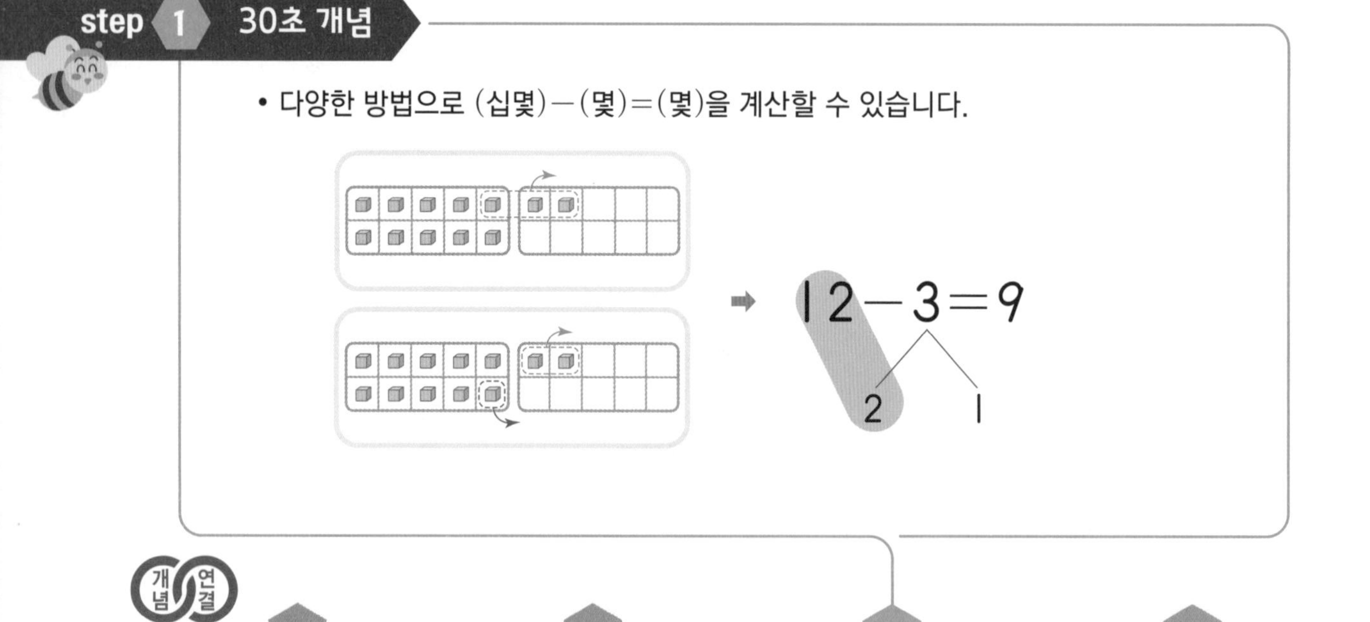

개념 연결

1-2	1-2	1-2	2-1
10을 이용하여 모으기와 가르기	(몇)+(몇)=(십몇)	(십몇)−(몇)=(몇)	세 자리 수

step 2 설명하기

질문 ❶ 빼는 수를 가르기 하여 10을 만드는 방법으로 $11-4$를 계산해 보세요.

설명하기 빼는 수 4를 1과 3으로 가르기 한 다음 $11-1$을 하여 10을 만들고, 이어서 $10-3$을 하여 7을 구합니다.

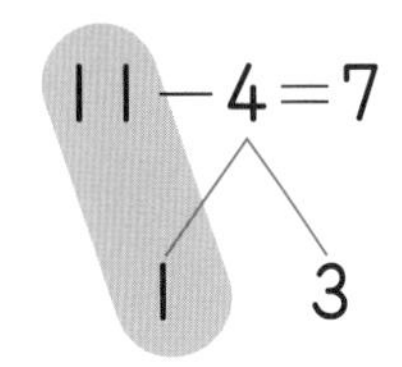

질문 ❷ 빼지는 수를 10을 이용하여 가르기를 하는 방법으로 $14-9$를 계산해 보세요.

설명하기 빼지는 수 14를 4와 10으로 가르기 한 다음 $10-9=1$을 구하고, 4와 1을 더하면 5가 됩니다.

$14-9=5$

4 10

1 □ 안에 알맞은 수를 써 보세요.

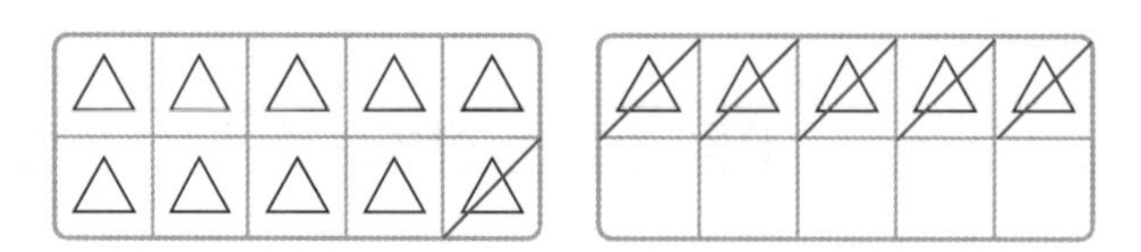

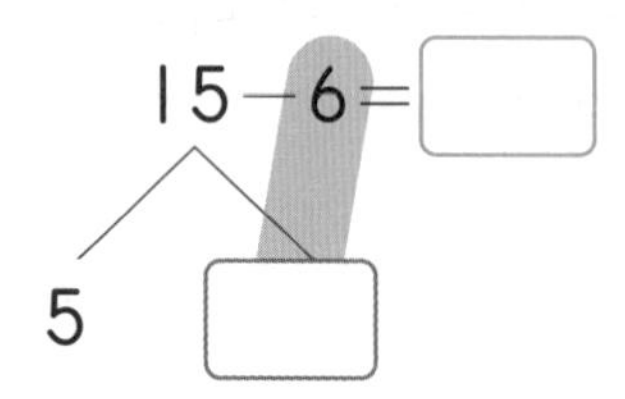

2 빼는 수를 가르기 하여 계산해 보세요.

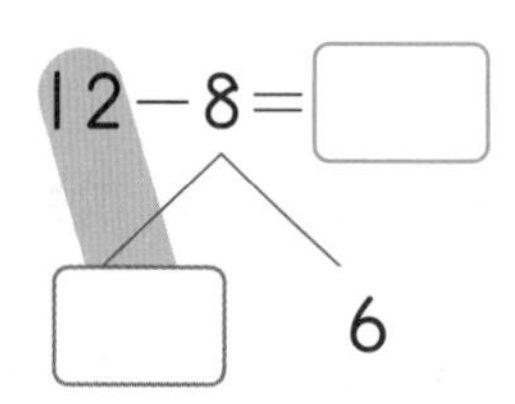

3 계산해 보세요.

(1) 16－7

(2) 11－9

4 그림책이 13권, 수학 잡지가 5권 있습니다. 그림책은 수학 잡지보다 몇 권 더 많은가요?

( )권

5 가을이는 미술 시간에 쓰려고 집에 있는 면봉 14개 중 8개를 가져갔습니다. 집에 남은 면봉은 몇 개인지 구해 보세요.

( )개

6 계산 결과가 같은 것끼리 선으로 이어 보세요.

12−5 •		• 4+5
18−9 •		• 15−8
6+2 •		• 17−9

7 카드 2장을 골라 카드의 적힌 수의 합이 게임판의 수와 같게 만드는 놀이를 하고 있습니다. 게임판에 남은 수를 보고 카드를 2장 골라 보세요.

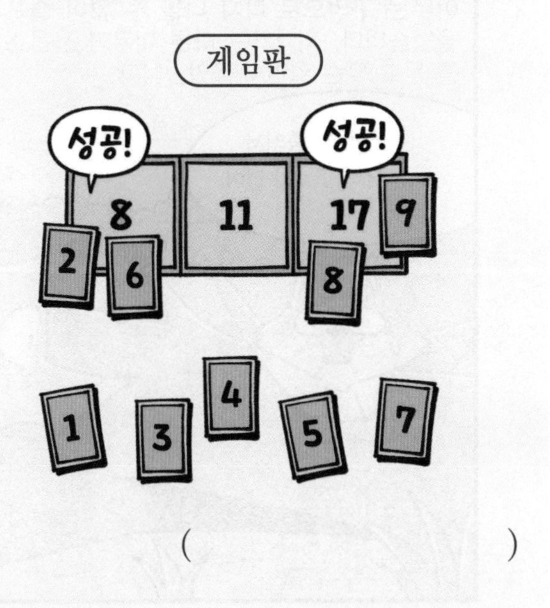

( )

배부른 여우

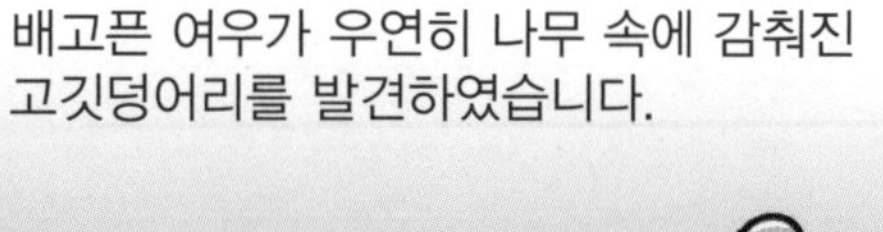
배고픈 여우가 우연히 나무 속에 감춰진 고깃덩어리를 발견하였습니다.

나무에 난 작은 구멍으로 겨우 들어가 보니 고깃덩어리는 13개가 있었습니다

여우는 그중 9개를 허겁지겁 먹었습니다.
와구
와구
와구

고기를 잔뜩 먹은 여우는 배가 볼록해졌습니다.

여우는 구멍으로 다시 나올 수 없어 슬프게 울었습니다. 지나가던 다른 여우가 울음소리를 듣고 무슨 일인지 물었습니다.
배가 너무 불러서 여기서 나갈 수가 없어.

소리를 들은 여우는 다가와 거기서 나올 방법이 있다고 말하였습니다.
㉠

1 여우는 왜 나무 안으로 들어갔나요?

배가 고팠기 때문에 나무 안에 있는 □□□□□를 먹으려고.

2 여우는 먹고 남은 고깃덩어리가 몇 개인지 다음과 같이 계산했습니다. □ 안에 알맞은 수를 써 보세요.

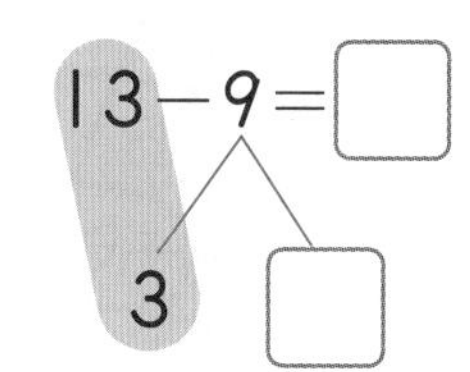

3 여우와 다른 방법으로 계산해 보세요.

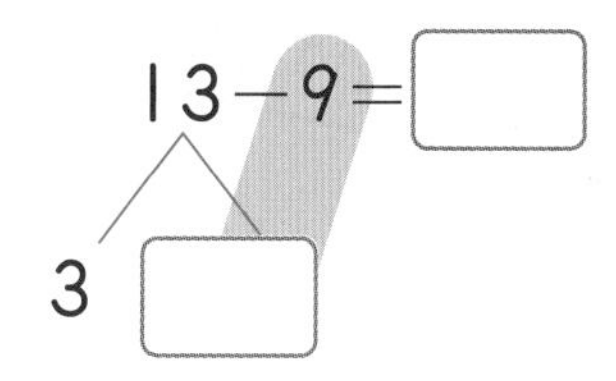

4 지나가던 여우가 무엇이라고 충고했을지 ㉠에 어울리는 말을 골라 ∨표 해 보세요.

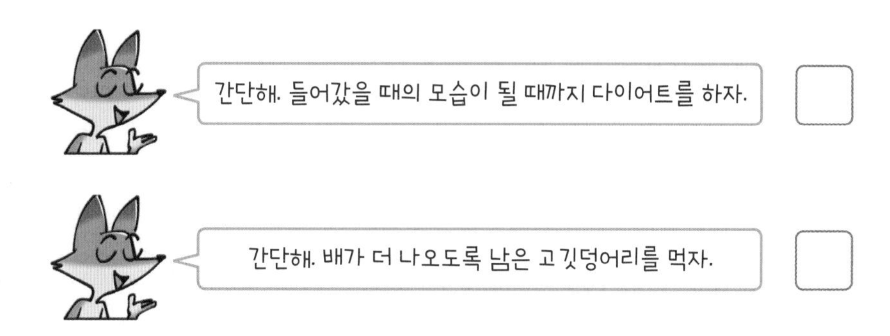

5 만약 여우가 욕심부리지 않고 고깃덩어리를 4개만 먹었더라면 남은 고깃덩어리는 몇 개일까요? 10을 이용하여 가르기하는 방법으로 계산해 보세요.

$13-4=\square$

11 규칙 찾기

수 배열에서 규칙 찾기

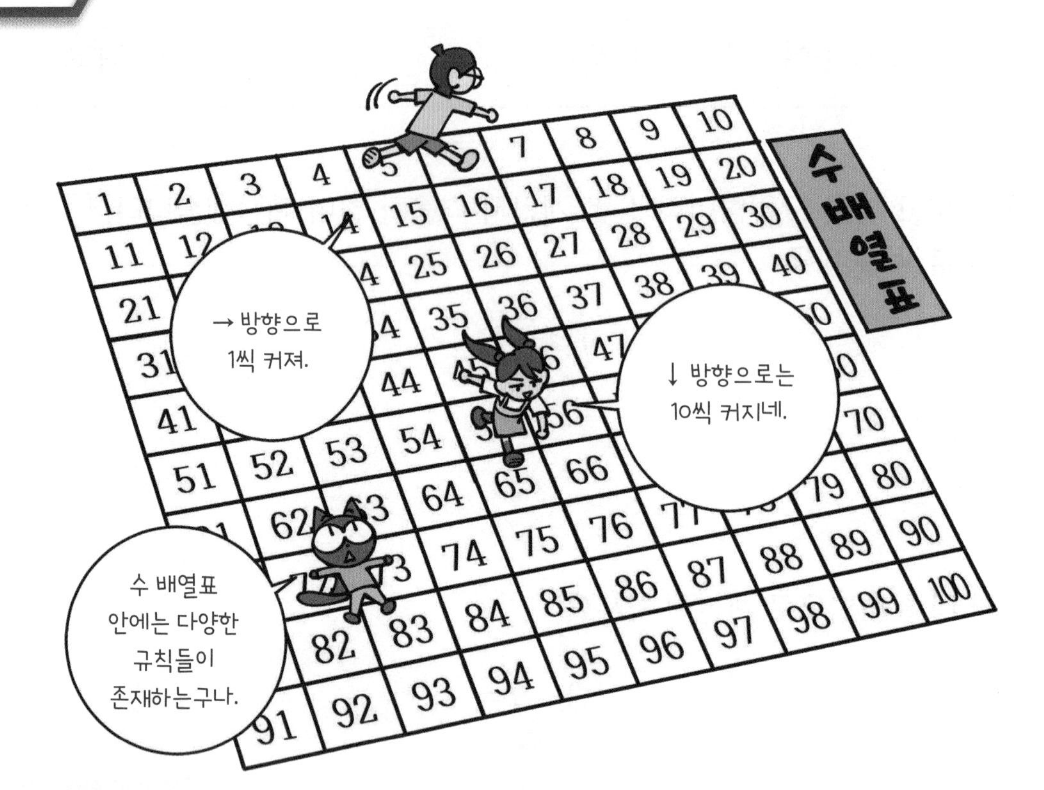

step 1 30초 개념

• 1부터 100까지를 10개씩 나열한 표를 수 배열표라고 합니다. 수 배열표에는 여러 가지 규칙이 있습니다.

→ 방향으로 1씩 커집니다.

↓ 방향으로 10씩 커집니다.

1	2	3	4	5	6	7	8	9	10
11	12	13	14	15	16	17	18	19	20
21	22	23	24	25	26	27	28	29	30
31	32	33	34	35	36	37	38	39	40
41	42	43	44	45	46	47	48	49	50
51	52	53	54	55	56	57	58	59	60
61	62	63	64	65	66	67	68	69	70
71	72	73	74	75	76	77	78	79	80
81	82	83	84	85	86	87	88	89	90
91	92	93	94	95	96	97	98	99	100

개념 연결

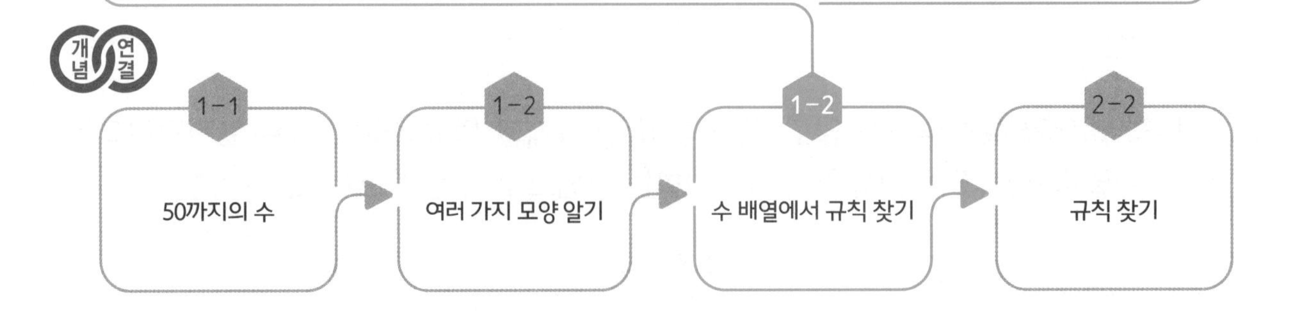

step 2 설명하기

질문 ❶ 수 배열에서 찾을 수 있는 규칙을 2가지 말해 보세요.

1	2	3
4	5	6
7	8	9

설명하기 — 각 가로줄은 왼쪽에서 오른쪽으로 1씩 커지는 규칙이 있습니다.
— 각 세로줄은 위에서 아래로 3씩 커지는 규칙이 있습니다.
— ↘ 방향으로는 4씩 커지고, ↙ 방향으로는 2씩 커지는 규칙이 있습니다.

질문 ❷ 수 배열표에서 규칙을 2가지 찾아 설명해 보세요.

1	2	3	4	5	6	7	8	9	10
11	12	13	14	15	16	17	18	19	20
21	22	23	24	25	26	27	28	29	30
31	32	33	34	35	36	37	38	39	40
41	42	43	44	45	46	47	48	49	50
51	52	53	54	55	56	57	58	59	60
61	62	63	64	65	66	67	68	69	70
71	72	73	74	75	76	77	78	79	80
81	82	83	84	85	86	87	88	89	90
91	92	93	94	95	96	97	98	99	100

설명하기 수 배열표에서 여러 가지 규칙을 찾을 수 있습니다.
— 수 배열표는 가로, 세로가 각각 10칸씩입니다.
— 가장 작은 수는 1이고, 가장 큰 수는 100입니다. 1부터 100까지 100개의 수가 있습니다.
— 가로 방향으로 오른쪽으로 갈수록 1씩 커집니다.
— 세로 방향으로 아래로 갈수록 10씩 커집니다.

1 수 배열표에 대한 설명으로 알맞은 것은? (   )

31	32	33	34	35
41	42	43	44	45
51	52	53	54	55

① 가로 방향으로 왼쪽으로 갈수록 1씩 커진다.
② 세로 방향으로 아래쪽으로 갈수록 10씩 커진다.
③ 가장 큰 수는 35이다.
④ 숫자는 모두 55개이다.
⑤ 가장 작은 수는 30이다.

2 규칙을 찾아 빈칸에 알맞은 수를 써 보세요.

(1)

3	7	11	15		23	

(2)

86	85	84	83			80

3 보기 와 같이 발동작을 반복하며 줄넘기를 할 때 여덟 번째에 할 동작을 골라 ∨표 해 보세요.

보기

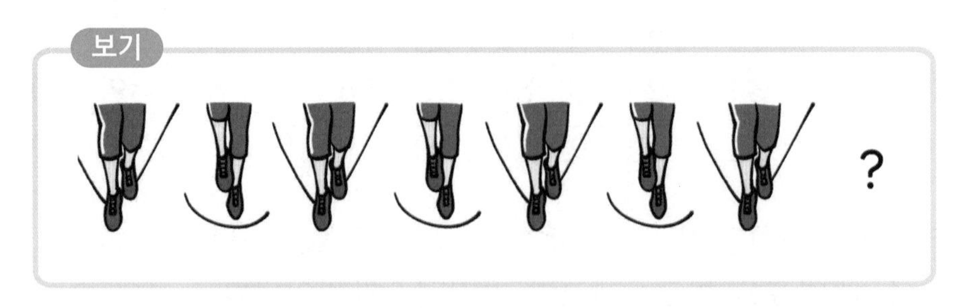

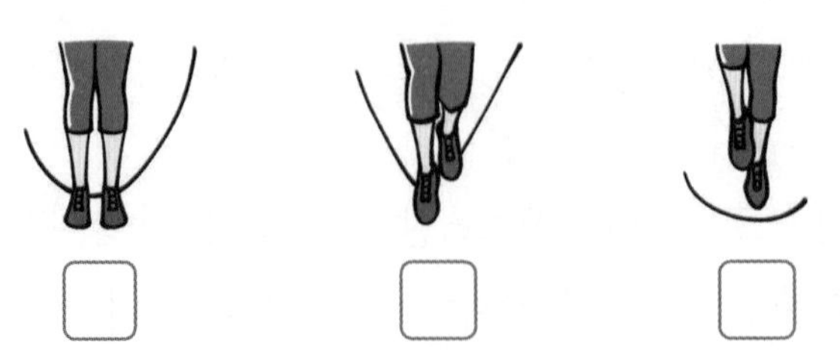

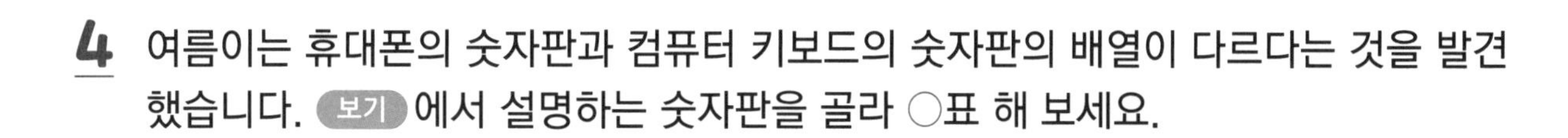

4 여름이는 휴대폰의 숫자판과 컴퓨터 키보드의 숫자판의 배열이 다르다는 것을 발견했습니다. 보기 에서 설명하는 숫자판을 골라 ○표 해 보세요.

> **보기**
> 세로줄은 위에서 아래로 갈수록
> 3씩 작아진다.

1 2 3
ABC DEF
4 5 6
GHI JKL MNO
7 8 9
PQRS TUV WXYZ
* 0 #
키패드 최근기록 연락처

( ) ( )

step 4 도전 문제

5 수 배열표를 보고 □ 안에 알맞은 수를 넣어 규칙을 완성해 보세요.

1	2	3	4
5	6	7	8
9	10	11	12
13	14	15	16

↘ 방향으로 □씩 커진다.

6 보기 에서 규칙을 찾아 문장을 완성해 보세요.

> **보기**
> 3−1−2−3−1−2−3−1

숫자 □−1−2 가

□□하여 나타나고 있습니다.

숫자로 이야기 만들기

여름이와 봄이는 수 배열표의 수와 그림을 이용해서 이야기를 만들어 보았다.

1	2	3	4	5	?

"사탕 1개를 먹었다. 2개는 더 먹을 수 있을 것 같았다.
그래서 오늘은 전부 3개를 먹었다. 4개나 먹으면 혼이 나겠지.
㉠ "

"고양이 꼬리는 1개입니다. 고양이 눈은 ☐개입니다.
우리 집 고양이는 3마리입니다.
갈색 고양이는 ☐개의 다리로 우다다 뛰었습니다.
검은 고양이의 수염은 5개입니다.
얼룩 고양이는 '야옹' 하고 ☐번 울었습니다."

아래 수 배열표에 들어갈 수를 이용하여 이야기를 완성해 보자.

1	2	3	4	5
	7	㉮	9	10
11		13	㉯	
16	17	18	19	20
21		23		25

"동물원에 대왕판다 2마리가 있다.
둘 다 올해 ㉮살이다.
대나무 줄기 ㉯개를 맛있게 먹었다.
대왕판다는 보통 20살까지 산다.
돌봐 주는 사육사님은 ㉰살이다."

1 여름이와 봄이가 이야기를 만든 방법으로 알맞은 말에 ○표 해 보세요.

수 배열표의 숫자를 1부터 (왼쪽, 오른쪽) 방향으로
순서대로 사용하여 이야기를 만든다.

2 여름이의 글과 자연스럽게 이어지도록 ㉠에 들어갈 문장을 완성해 보세요.

하지만 내일은 (1개, 3개, 5개)를 먹고 싶다.

3 봄이가 만든 이야기의 빈칸에 들어갈 알맞은 수를 써 보세요.

고양이 눈은 □개입니다.
갈색 고양이는 □개의 다리로 우다다 뛰었습니다.
얼룩 고양이는 '야옹' 하고 □번 울었습니다.

4 이야기에 나오는 수 배열표의 규칙에 대해 바르게 말한 것을 모두 고르세요.

( )

① 16부터 → 방향으로 1씩 작아진다.
② 21부터 ↑ 방향으로 5씩 작아진다.
③ 1부터 ↘ 방향으로 6씩 커진다.
④ 21부터 ↗ 방향으로 4씩 커진다.

5 ㉰의 숫자는 2—㉮—㉯—20—㉰의 순서로 규칙을 이룹니다. ㉮~㉰에 들어갈 알맞은 수를 써넣으세요.

㉮( ) ㉯( ) ㉰( )

12 받아올림이 없는 (몇십몇)+(몇십몇)의 계산

덧셈과 뺄셈(3)

step 1 30초 개념

• (몇십몇)＋(몇십몇)은 다음과 같이 세로로 줄을 맞추어 계산합니다.

$$\begin{array}{rr} & 2\ 2 \\ + & 1\ 2 \\ \hline & \end{array} \quad \Rightarrow \quad \begin{array}{rr} & 2\ 2 \\ + & 1\ 2 \\ \hline & 4 \end{array} \quad \Rightarrow \quad \begin{array}{rr} & 2\ 2 \\ + & 1\ 2 \\ \hline & 3\ 4 \end{array}$$

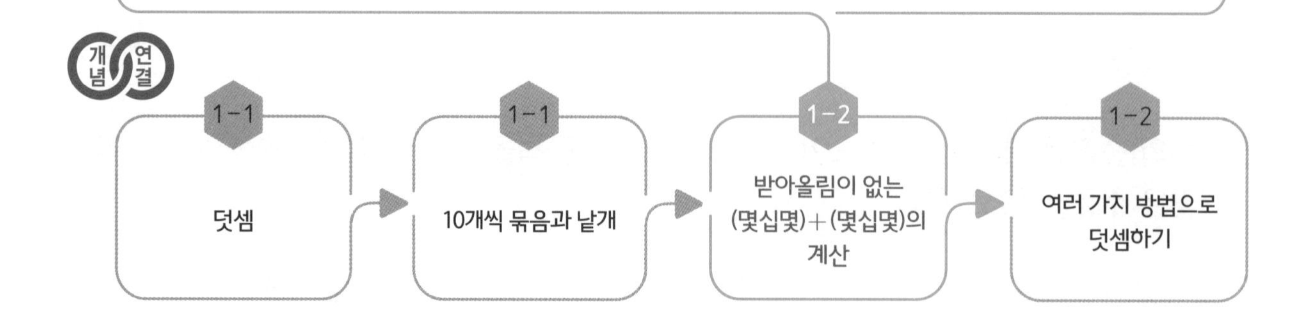

공부한 날 월 일

질문 ❶ 수판을 이용하여 21+6을 계산해 보세요.

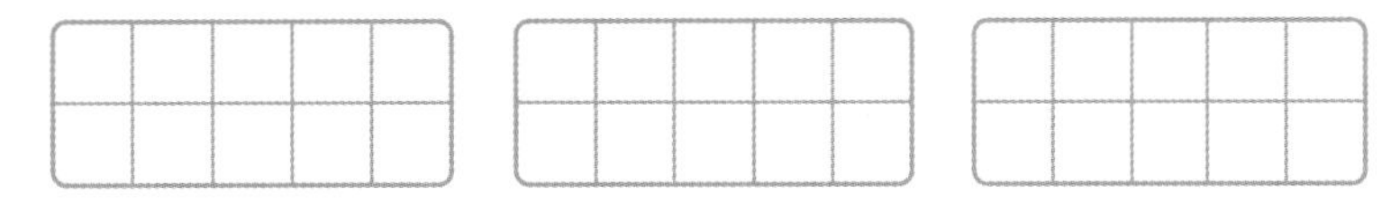

설명하기 두 수를 더할 때 수판을 이용하여 계산할 수 있습니다.

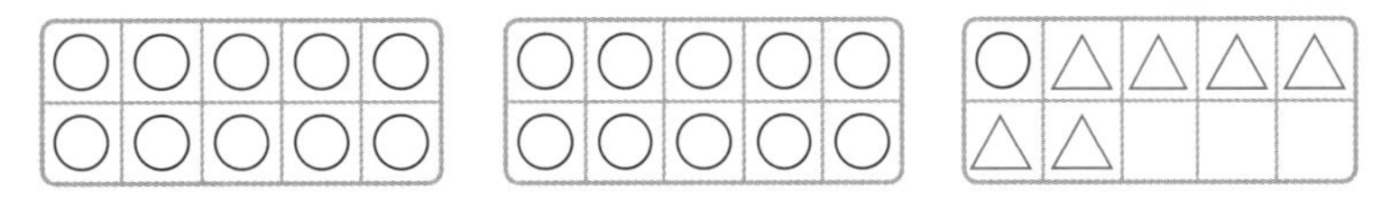

21+6=27입니다.

질문 ❷ 수 모형을 이용하여 24+30을 계산하고 24+30을 세로로 계산해 보세요.

설명하기

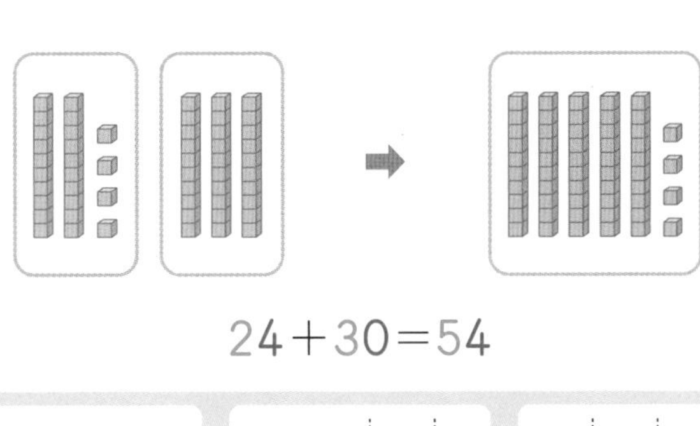

24+30=54

$$\begin{array}{r} 24 \\ +\ 30 \\ \hline \end{array} \rightarrow \begin{array}{r} 24 \\ +\ 30 \\ \hline 4 \end{array} \rightarrow \begin{array}{r} 24 \\ +\ 30 \\ \hline 54 \end{array}$$

1 수판에 7을 △로 나타내고 12+7을 계산해 보세요.

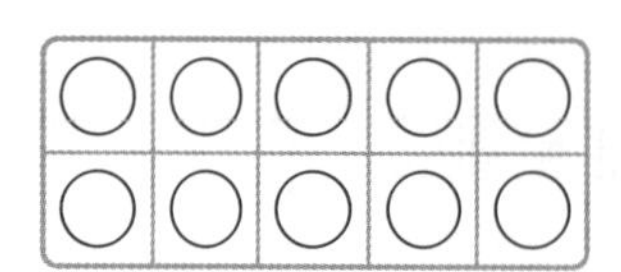
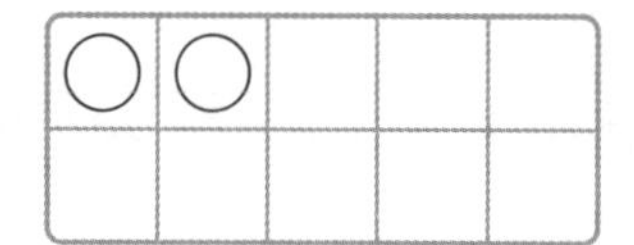

12+7=□

2 그림을 보고 □ 안에 알맞은 수를 써넣으세요.

(1) 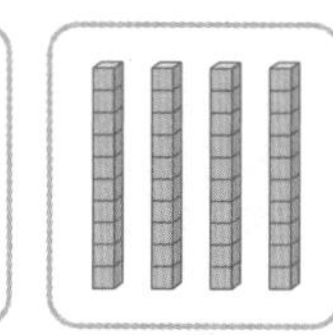 20+40=□

(2) 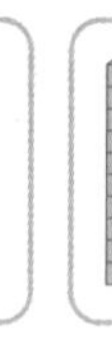 12+□=□

3 계산해 보세요.

(1)
$$\begin{array}{r} 1\ 8 \\ +\ 5\ 1 \\ \hline \end{array}$$

(2)
$$\begin{array}{r} 6\ 5 \\ +\ 3\ 2 \\ \hline \end{array}$$

(3) 24+32

(4) 72+10

4 □ 안에 알맞은 수를 써넣으세요.

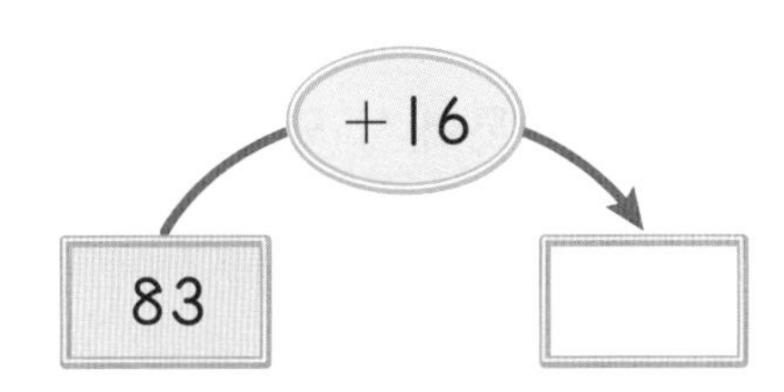

5 보기 를 계산한 결과를 찾아 ○표 해 보세요.

보기

37+21

16 18 56 58

step 4 도전 문제

6 장미 31송이와 튤립 16송이로 꽃다발을 만들었습니다. 꽃다발의 꽃은 모두 몇 송이일까요?

( )송이

7 여름이가 설명하는 수를 써 보세요.

10개씩 묶음 4개와 낱개가 7개인 수에 마흔둘을 더해 봐.

( )

투호 놀이

투호는 빈 통이나 항아리에 화살을 던져 넣는 전통 놀이이다.

여러 명을 두 편으로 나누고 투호 통에서 몇 걸음 떨어진 곳에서 화살을 하나씩 던진다. 한 사람당 12개의 화살을 던진다. 놀이를 마치면 같은 편끼리 넣은 화살의 수를 모두 더하여 화살을 많이 넣은 편이 이기는 놀이이다.

가을이와 겨울이는 각자 자기 동생과 같이 편이 되어 투호 놀이를 했다. 점수는 다음과 같고 겨울이 편이 이겼다.

놀이 참가자	넣은 화살의 개수(개)
가을	10
가을이 동생	11
겨울	11
겨울이 동생	12

1 빈 통에 화살을 던져 넣는 전통 놀이를 무엇이라고 합니까?

( )

2 투호 놀이 방법으로 옳지 않은 것은? ( )

① 여러 사람을 두 편으로 나눈다.
② 빈 항아리에 화살을 던져 넣는다.
③ 같은 편인 사람들끼리 넣은 화살 수를 더한다.
④ 화살을 더 적게 넣은 편이 이긴다.
⑤ 한 사람당 12개의 화살을 던진다.

3 가을이와 가을이의 동생이 넣은 화살은 모두 몇 개인가요?

( )개

4 겨울이와 겨울이의 동생이 넣은 화살은 몇 개인지 수판을 이용하여 구해 보세요.
(겨울이:○, 겨울이 동생:△)

( )개

5 두 편이 투호 통에 넣은 화살은 모두 몇 개인가요?

( )개

13
덧셈과 뺄셈(3)

여러 가지 방법으로 덧셈하기

step 1 30초 개념

- 여러 가지 방법으로 (몇십몇)+(몇십몇)을 계산할 수 있습니다.
  - 세로로 줄을 맞추어 계산하기
  - 10개 묶음끼리, 낱개끼리 더하기
  - 한쪽의 10개 묶음과 낱개를 나누어서 차례로 더하기
  - 한쪽을 가르기 하여 더하기

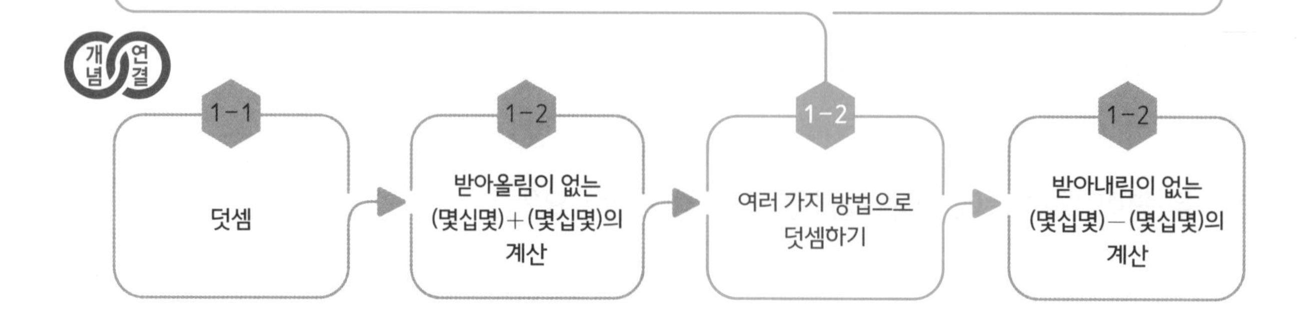

step 2 설명하기

질문 ❶ 18+21을 10개 묶음과 낱개를 이용하여 계산해 보세요.

설명하기 10개 묶음끼리, 낱개끼리 더한 후 이들을 다시 더합니다.

$10+20=30$, $8+1=9$ ➡ $30+9=39$

질문 ❷ 18+21을 새로운 2가지 방법으로 구해 보세요.

설명하기 방법 1 한쪽의 낱개만 먼저 다른 쪽에 더한 후 한쪽에 남은 10개 묶음을 더합니다.

$18+1=19$ ➡ $19+20=39$

방법 2 한쪽의 10개 묶음만 먼저 다른 쪽에 더한 후 한쪽에 남은 낱개를 더합니다.

$18+20=38$ ➡ $38+1=39$

18+2=20이므로 21을 2와 19로 가르기 하여 2를 먼저 18에 더해서 20을 만든 다음 남은 19를 더하는 방법으로도 구할 수 있습니다.

$18+21=18+2+19=20+19=39$

1 □ 안에 알맞은 수를 써넣으세요.

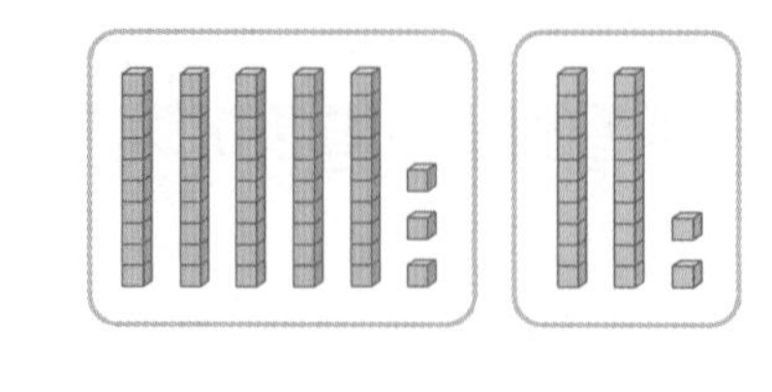

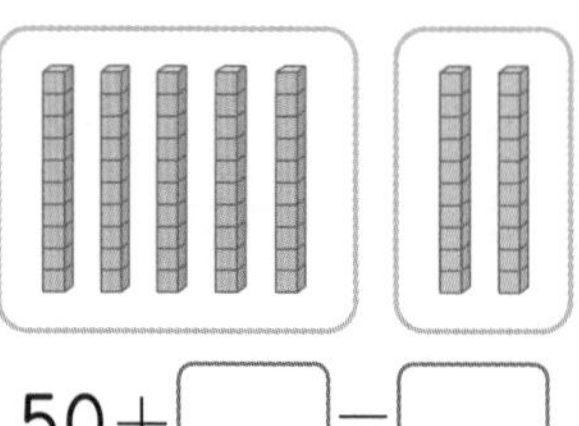

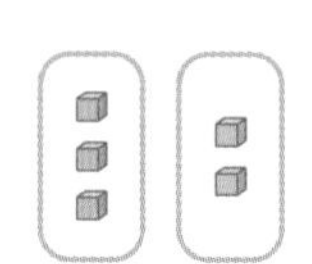

50+□=□ 3+2=□

2 관계있는 것끼리 선으로 이어 보세요.

10+66 •	• 56
23+34 •	• 57
44+12 •	• 76

3 빈칸에 알맞은 수를 써넣으세요.

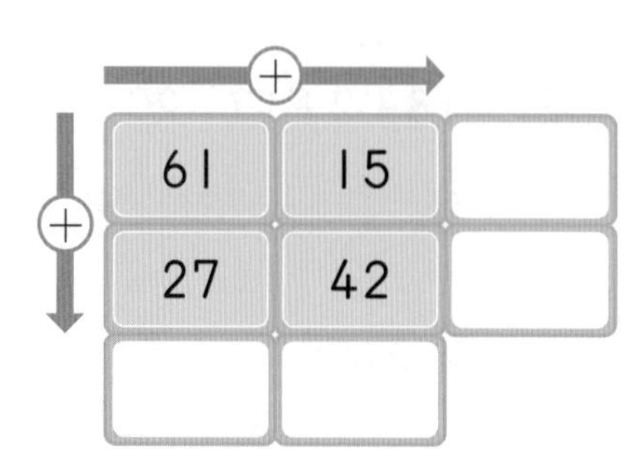

4 봉지 안에 젤리 23개를 담고 13개를 더 담았습니다. 그림을 보고 13을 7과 6으로 가른 이유를 완성해 보세요.

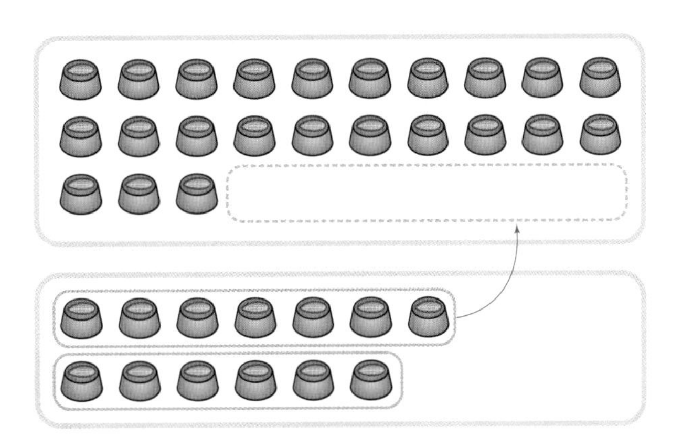

23에 먼저 ☐을 더해서 ☐을 만들고 남은 6을 더하는 방법입니다.

step 4 도전 문제

5 30+16을 계산한 순서를 보고, 두 수를 더한 방법으로 알맞은 것을 찾아 ○표 해 보세요.

보기

30+10=40, 40+6=46

낱개 먼저 더하고
10개짜리 묶음 더하기

10개짜리 묶음 더하고
낱개만큼 더하기

6 카드 2장을 골라 합이 가장 큰 덧셈식을 만들고 그 합을 구해 보세요.

16	20	31	42	53

☐+☐

덧셈식 ______________

답 ______________

구슬치기

구슬치기는 정해진 공간에 구슬을 각각 몇 개씩 넣어 두고 굴리거나 튕겨 내는 놀이이다. 유리구슬을 많이 사용하는 편인데, 예전에는 잘 굴러가고 던지기 쉬운 동글동글한 돌멩이나 도토리 같은 나무 열매를 놀이에 쓰기도 했다.

놀이 방법은 다음과 같다.

1. 바닥에 △ 모양을 그리고 구슬을 넣는다.
2. 다른 구슬을 던지거나 튕겨서, 선 밖으로 튀어져 나온 구슬을 모두 가진다.
3. 구슬이 선 밖으로 나오면 계속하고, 아니면 상대방이 기회를 얻는다.
4. 바닥에 놓인 구슬이 모두 선 밖으로 나오면 놀이가 끝난다.

1 구슬치기에서 구슬로 사용하기 어려운 것을 고르세요. (　　　)

① 동글동글한 돌멩이　② 파인애플　③ 도토리

2 구슬치기 방법을 바르게 설명한 것을 모두 고르세요. (　　　　　)

① 바닥에 △ 모양을 그린다.
② △ 모양 주변에 구슬을 놓는다.
③ 구슬을 던지고 선 안에 남은 구슬을 모두 가진다.
④ 구슬은 한 번씩 번갈아 가며 넣는다.
⑤ 바닥에 놓인 구슬이 모두 선 밖으로 나오면 놀이를 마친다.

[3~4] 봄이는 26개, 여름이는 12개의 구슬을 가지고 구슬치기 놀이를 했습니다. 물음에 답하세요.

3 봄이는 두 사람의 구슬의 수를 세로식으로 계산했습니다. □ 안에 알맞은 수를 써넣으세요.

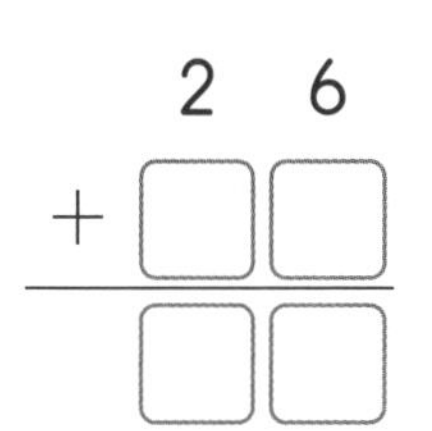

4 여름이는 자신의 구슬을 다음과 같이 둘로 나눈 뒤 두 사람의 구슬을 차례대로 더했습니다. 덧셈식을 완성해 보세요.

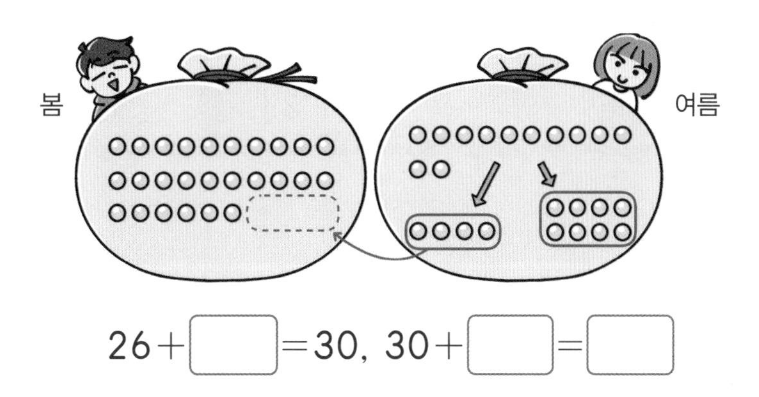

26+□=30, 30+□=□

5 가을이는 15개, 겨울이는 12개의 구슬을 가지고 구슬치기 놀이를 했습니다. 두 사람이 가진 구슬의 수는 모두 몇 개일까요?

(　　　　　　)개

14 받아내림이 없는 (몇십몇) – (몇십몇)의 계산

덧셈과 뺄셈(3)

step 1 30초 개념

• (몇십몇)—(몇십몇)의 계산은 다음과 같이 세로로 줄을 맞추어 계산합니다.

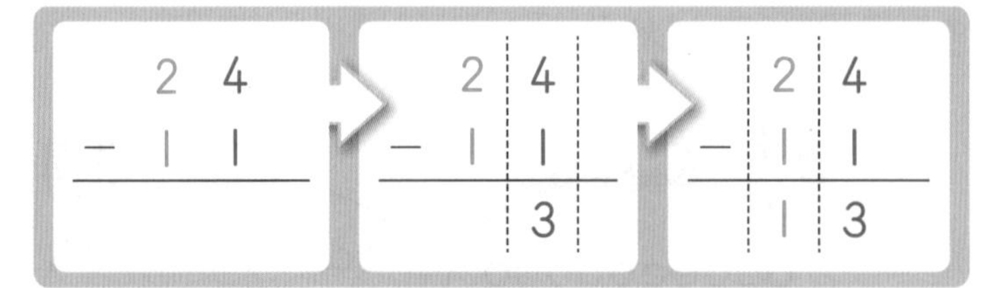

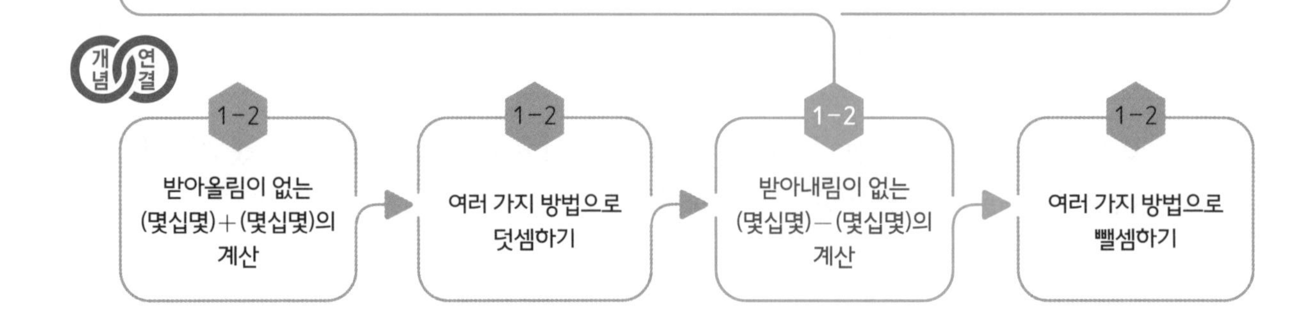

step 2 설명하기

질문 ❶ 28－11을 수 모형을 이용하여 계산하고 세로로 계산해 보세요.

설명하기

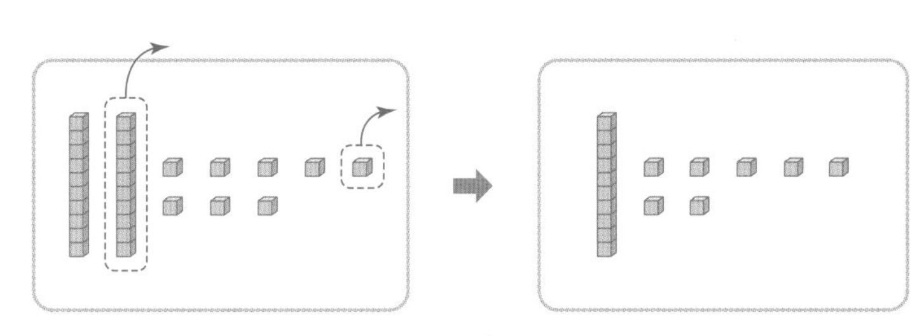

28－11＝17

낱개는 낱개끼리, 10개 묶음은 10개 묶음끼리 빼면 17이 됩니다.

$$\begin{array}{rr} & 2\ 8 \\ - & 1\ 1 \\ \hline & \end{array} \Rightarrow \begin{array}{rr} & 2\ 8 \\ - & 1\ 1 \\ \hline & 7 \end{array} \Rightarrow \begin{array}{rr} & 2\ 8 \\ - & 1\ 1 \\ \hline & 1\ 7 \end{array}$$

질문 ❷ 각 주머니에서 수를 하나씩 골라 뺄셈식을 만들어 보세요.

설명하기

- 노란색 주머니에서 58, 빨간색 주머니에서 15를 고르면 58－15＝43을 만들 수 있습니다.
- 노란색 주머니에서 58, 빨간색 주머니에서 24를 고르면 58－24＝34를 만들 수 있습니다.
- 노란색 주머니에서 96, 빨간색 주머니에서 12를 고르면 96－12＝84를 만들 수 있습니다.
- 노란색 주머니에서 37, 빨간색 주머니에서 31을 고르면 37－31＝6을 만들 수 있습니다.

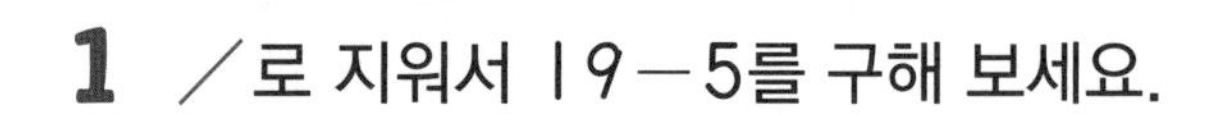

1 ╱로 지워서 19－5를 구해 보세요.

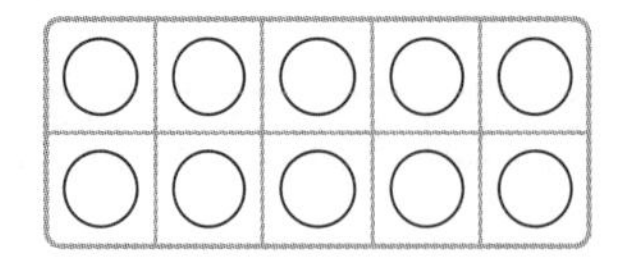
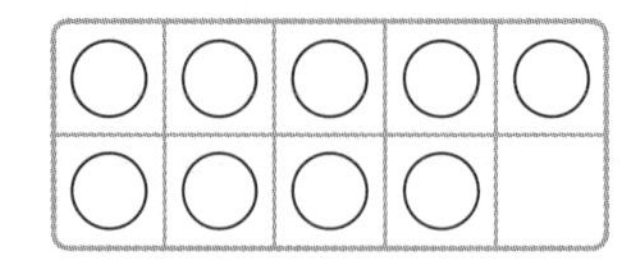

19－5=☐

2 그림을 보고 ☐ 안에 알맞은 수를 써넣으세요.

(1) 70－30=☐

(2) 58－☐=☐

3 계산해 보세요.

(1)
$$\begin{array}{r} 36 \\ -\ 11 \\ \hline \end{array}$$

(2)
$$\begin{array}{r} 99 \\ -\ 30 \\ \hline \end{array}$$

(3) 56－42

(4) 78－72

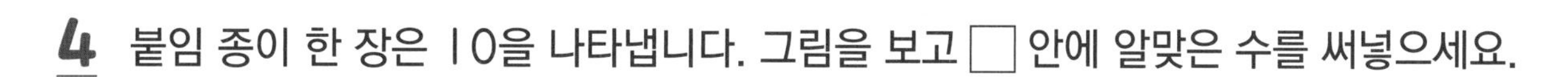

4 붙임 종이 한 장은 10을 나타냅니다. 그림을 보고 □ 안에 알맞은 수를 써넣으세요.

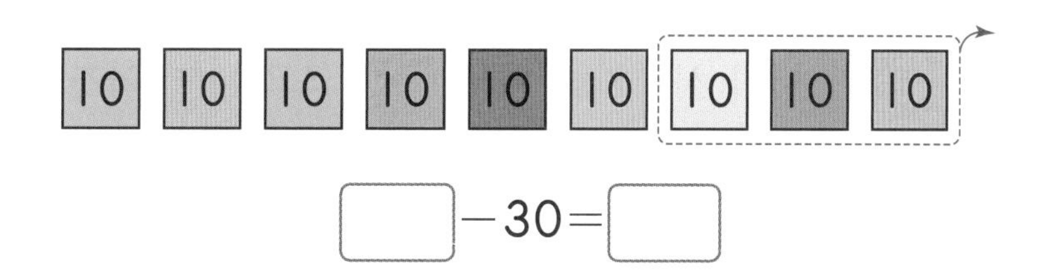

5 계산이 틀린 사람을 찾고, 바르게 계산해 보세요.

계산을 틀리게 한 사람 (　　　　　　　　)

바르게 계산한 결과 (　　　　　　　　)

step 4 도전 문제

6 수 카드를 모두 한 번씩 사용하여 식을 완성해 보세요.

24　72　96

□−□=□

7 서로 다른 공 4개를 골라 아래 식을 완성해 보세요.

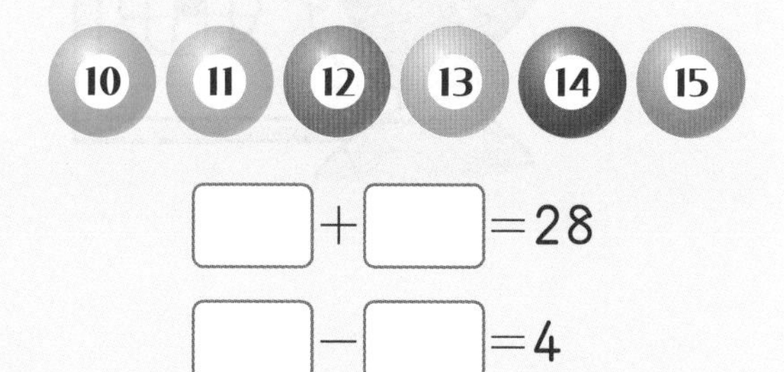

내 이(치아)는 모두 몇 개일까?

이 빠진 경험이 있는 사람?

사람은 아기일 때 이가 나기 시작해서 어느 정도 크고 나면 이가 빠지고 새로운 이가 난다. 아이들의 이는 유치*라고 부르는데 유치는 20개쯤 되고 6세쯤 부터 빠지기 시작한다. 동시에 어른들의 이인 영구치*가 새로 나서 13세쯤 되면 영구치를 모두 가지게 된다. 그 수는 보통 28개 정도이다. 영구치는 빠지더라도 새로운 이가 나지 않는다.

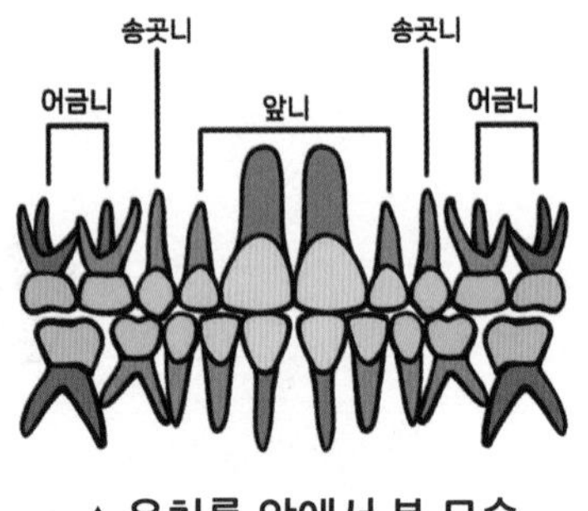

▲ 유치를 앞에서 본 모습

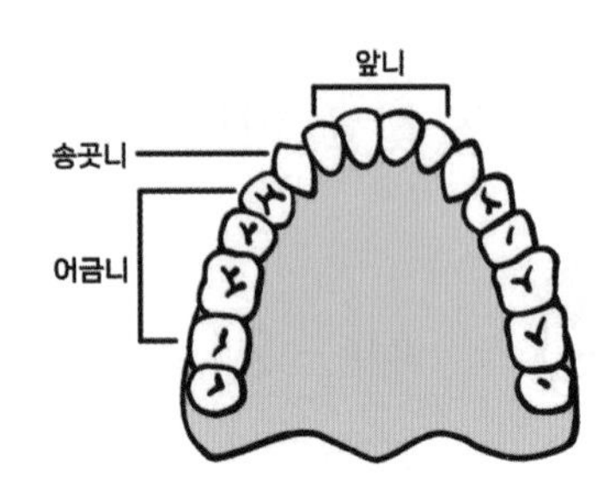

▲ 영구치를 위에서 본 모습

강아지나 고양이도 마찬가지이다. 강아지의 영구치는 42개 정도, 고양이의 영구치는 30개 정도라고 한다. 내 이는 지금 몇 개나 나 있을까?

* **유치**: 유아기에 사용한 뒤 갈게 되어 있는 이
* **영구치**: 젖니(유치)가 빠진 뒤에 나는 이

1 이(치아)에 대한 설명이 맞으면 ○표, 틀리면 ×표 해 보세요.

(1) 유치는 보통 20개 정도이다. (　　　　)

(2) 유치는 13세부터 빠진다. (　　　　)

(3) 영구치도 유치처럼 빠지면 새로 난다. (　　　　)

2 거울을 보고 빠진 유치가 있다면 어떤 것인지 ×표 해 보세요.

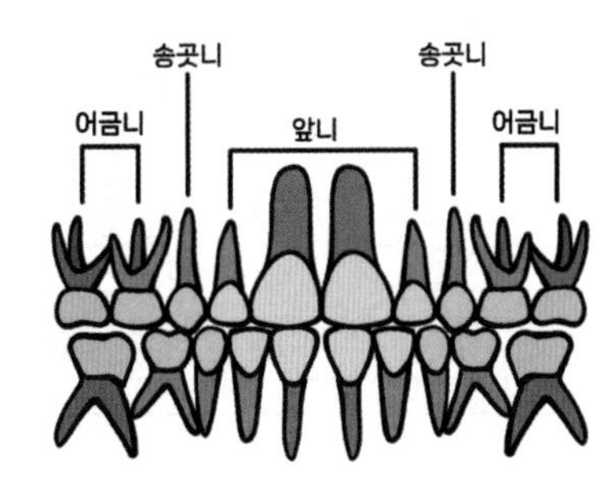

3 내 이는 모두 몇 개 인지 세어 보세요.

(　　　　　　　　)개

4 강아지와 고양이의 영구치 수의 차는 얼마인가요?

식 ______________________

답 ______________

5 사람의 영구치 개수와 가을이의 이 개수의 차를 계산해 보세요.

식 ______________________

답 ______________

15 여러 가지 방법으로 뺄셈하기

덧셈과 뺄셈(3)

step 1 30초 개념

- 여러 가지 방법으로 (몇십몇)−(몇십몇)을 계산할 수 있습니다.
  — 세로로 줄을 맞춰 계산하기
  — 10개 묶음끼리, 낱개끼리 뺀 후 이들을 다시 더하기
  — 한쪽의 낱개만 먼저 다른 쪽에서 뺀 후 한쪽에 남은 10개 묶음을 빼기
  — 한쪽의 10개 묶음만 먼저 다른 쪽에서 뺀 후 한쪽에 남은 낱개를 빼기

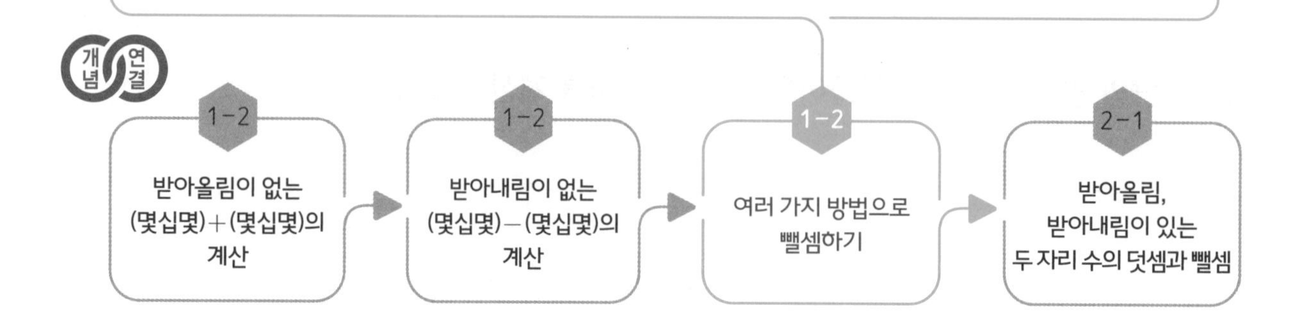

step 2 설명하기

질문 ❶ 37－13을 2가지 방법으로 구해 보세요.

설명하기 (1) 10개 묶음끼리, 낱개끼리 뺀 후 이들을 다시 더합니다.

30－10＝20, 7－3＝4 ➡ 20＋4＝24

(2) 한쪽의 낱개만 먼저 다른 쪽에서 뺀 후 한쪽에 남은 10개 묶음을 뺍니다.

37－3＝34 ➡ 34－10＝24

한쪽의 10개 묶음만 먼저 다른 쪽에서 뺀 후 한쪽에 남은 낱개를 빼는 방법으로도 구할 수 있습니다.

37－10＝27 ➡ 27－3＝24

질문 ❷ 그림을 보고 여러 가지 뺄셈식을 만들어 보세요.

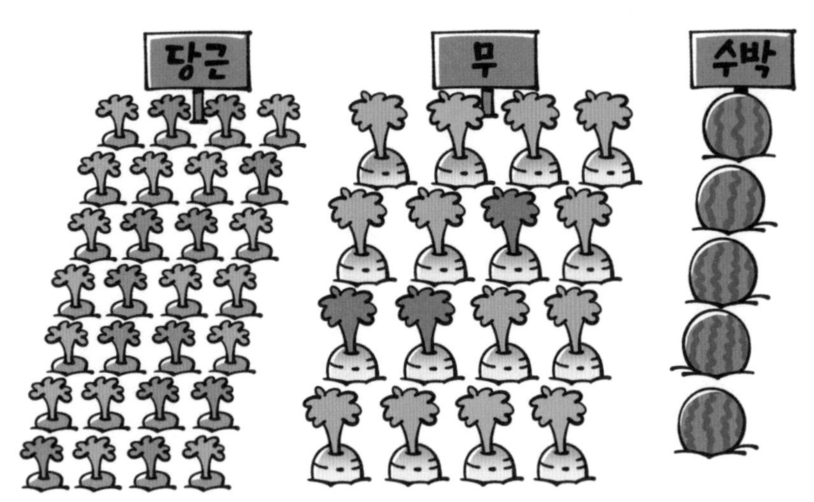

설명하기 — 28－16＝12이므로 당근은 무보다 12개 더 많습니다.

— 28－5＝23이므로 당근은 수박보다 23개 더 많습니다.

— 16－5＝11이므로 무는 수박보다 11개 더 많습니다.

1 □ 안에 알맞은 수를 써넣으세요.

□ − □ = □

2 48 − 13을 그림과 뺄셈식으로 나타낸 것입니다. □ 안에 알맞은 수를 써넣으세요.

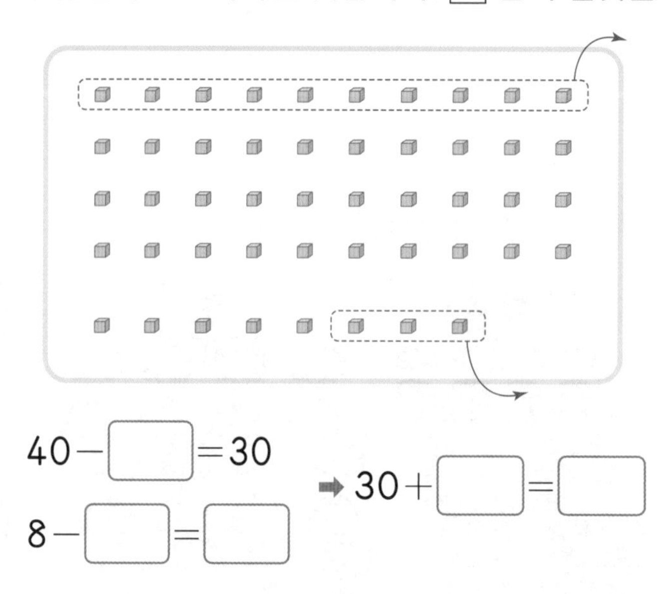

40 − □ = 30

8 − □ = □

➡ 30 + □ = □

3 계산해 보세요.

(1) 17 − 13　　(2) 89 − 34　　(3) 52 − 41

4 자동차 그림 카드가 25장, 공룡 그림 카드가 59장 있습니다. 어떤 카드가 얼마나 더 많은가요?

( ) 카드가 ( )장 더 많습니다.

5 빈칸에 알맞은 수를 써넣으세요.

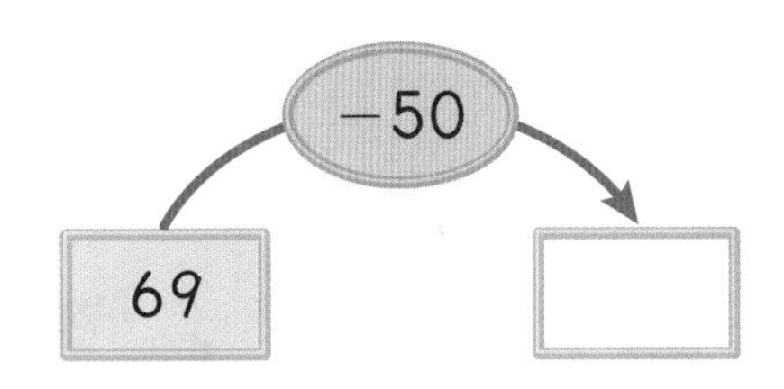

step 4 도전 문제

6 68−17을 계산한 순서를 보고, 뺄셈을 한 방법으로 알맞은 것을 찾아 ○표 해 보세요.

보기

68−7=61, 61−10=51

10개짜리 묶음끼리, 낱개끼리 뺀 후 둘을 더하기	낱개만 먼저 빼고, 10개 묶음 빼기

7 다음 방송 채널의 구독자가 99명이 되려면 몇 명이 더 구독해야 할까요?

( )명

수족관 속 엔젤피시

엔젤피시는 더운 지방에 사는 물고기이다. 몸이 △ 모양이고 납작하며 지느러미가 길고 예쁘게 나 있다. 색이 화려해서인지 여러 마리가 함께 헤엄치는 모습이 매우 아름답다고 한다.

▲ 어항 속 엔젤피시

엔젤피시는 키우기 쉽지만 꼭 지켜야 할 것들이 있다. 물 온도는 25~28도 정도가 적당하고 물 흐름이 느린 것을 편안해한다. 먹이는 하루에 2번 정도 준다. 다 큰 엔젤피시는 큰 수조로 옮겨서 키워야 하고, 성격이 예민하여 다른 물고기들과 함께 키우지 않는 것이 좋다.

1 엔젤피시의 생김새로 알맞은 것에 ○표 해 보세요.

몸이 □ 모양이다.	몸이 납작하다.	지느러미가 짧다.

2 엔젤피시를 키울 때 지켜야 할 것들로 옳지 않은 것에 모두 √표 해 보세요.

꼭 확인하기!

- □ 물 온도는 25~28도 사이이다.
- □ 물의 흐름은 느려야 한다.
- □ 먹이는 하루에 3번 준다.
- □ 같이 키울 작은 물고기도 필요하다.

[3~4] 두 수조의 물고기를 보고 물음에 답하세요.

▲ 1번 수조

▲ 2번 수조

3 1번과 2번 수조 중 어느 쪽의 물고기가 얼마나 더 많은가요?

(　　　　　　)번 수조의 물고기가 (　　　　　　)마리 더 많다.

4 1번 수조의 물고기 12마리를 2번 수조로 옮겼습니다. 1번 수조 안에 남은 물고기는 몇 마리인가요?

(　　　　　　)마리

01 99까지의 수

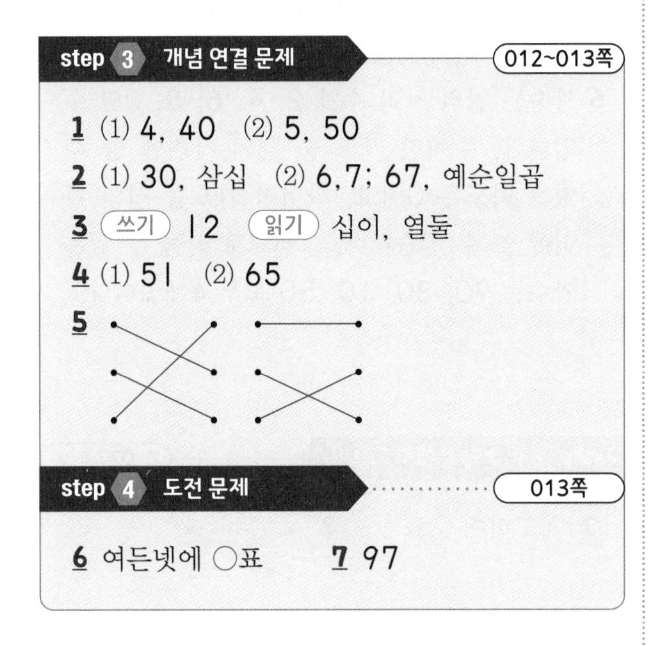

step 3 개념 연결 문제 012~013쪽

1 (1) 4, 40 (2) 5, 50

2 (1) 30, 삼십 (2) 6, 7; 67, 예순일곱

3 쓰기 12 읽기 십이, 열둘

4 (1) 51 (2) 65

5

step 4 도전 문제 013쪽

6 여든넷에 ○표 **7** 97

3 10개씩 묶음이 1개, 낱개가 2개 이므로 12개입니다.

6 여든넷은 84라고 씁니다. 나머지는 64를 나타낸 것입니다.

7 10개씩 묶음이 9개이면 90이고, 낱개가 7개이면 7이므로 97입니다.

step 5 수학 문해력 기르기 015쪽

1 24 **2** ②

3 예 피자, 뚝딱 **4** 7, 8, 78

2 '붙다'는 맞닿았다는 뜻이므로 '눈을 붙이다'는 눈을 감고 잠을 잔다는 뜻이됩니다.

3 도깨비가 '약과 나와라 뚝딱'이라고 말했으므로 왼쪽 빈칸에는 간식 이름을, 오른쪽에는 '뚝딱'이라고 쓰면 됩니다.

02 수의 크기 비교

step 3 개념 연결 문제 018~019쪽

1 100, 백 **2** (1) < (2) >

3

21	22	23	24	25	26	27	28	29	30
31	32	33	34	35	36	37	38	39	40
41	42	43	44	45	46	47	48	49	50
51	52	53	54	55	56	57		59	60
61	62	63	64	65	66	67	68	69	70
71	72	73	74	75	76	77	78	79	80

4 56, 60; 60, 56

5 13, 14, 15 **6** 78, 52, 29, 13

step 4 도전 문제 019쪽

7 봄 **8** 5

2 (1) 12와 19의 십의 자리 수는 같으므로 낱개의 수를 비교하면 2와 9 중 9가 더 큽니다. 따라서 19가 더 큽니다.

(2) 55와 21의 십의 자리 수를 비교하면 5와 2 중 5가 더 큽니다. 따라서 55가 더 큽니다.

4 수직선의 왼쪽에 있는 수는 오른쪽에 있는 수보다 작습니다.

5 12보다 크고, 16보다 작은 수는 13, 14, 15입니다.

7 봄이가 말한 수는 32, 겨울이가 말한 수는 33입니다. 둘 중 작은 수는 32입니다.

8 58보다 크고 일의 자리 수가 9 인 수는 59, 69, 79, 89, 99이므로 빈칸에 들어갈 수 있는 수는 5, 6, 7, 8, 9입니다. 26보다 작고 십의 자리 수가 2인 수는 20, 21, 22, 23, 24, 25이므로 빈칸에 들어갈 수 있는 수는 0, 1, 2, 3, 4, 5입니다. 둘 다 만족하는 수는 5입니다.

step 5 수학 문해력 기르기 021쪽

1

2 19, 21; 21에 ○표

3 28, 34에 ○표; 28, 34

4 예 초콜릿, 12; <; 사탕, 52

1 욕심 많은 '형' 놀부와 마음씨 착한 '동생' 흥부가 살았다고 했습니다.

3 놀부 박에서 나온 것은 도깨비 34마리와 똥덩어리 28개입니다. 수직선에서 비교하면 28이 34보다 왼쪽에 있으므로 28이 더 작고 34가 더 큽니다.

03 짝수와 홀수

step 3 개념 연결 문제 024~025쪽

1 (1) 짝수 (2) 홀수

2 홀수: 1, 3, 5, 7, 9; 짝수: 2, 4, 6, 8

3

4 여덟, 52, 10개 묶음이 6개인 수에 ○표

step 4 도전 문제 025쪽

5 1, 3, 5 6 4

1 (1) 그림의 개수는 16입니다. 둘씩 짝을 지을 수 있으므로 짝수입니다.
(2) 그림의 개수는 29입니다. 둘씩 짝을 지을 수 없으므로 홀수입니다.

3 딸기는 24개이고, 24는 짝수입니다. 사탕은 11개이고, 11은 홀수입니다.

4 주어진 것을 수로 나타내면 7, 8, 52, 39, 60입니다. 이 중 짝수는 8, 52, 60입니다.

5 상자에 담긴 초콜릿은 13개이고, 홀수입니다. 1개, 3개, 5개 더 담으면 14개, 16개, 18개가 되어 짝수가 됩니다.

6 짝수는 일의 자리 수가 2, 4, 6, 8, 0인 수입니다. 주어진 카드 중 일의 자리에 쓸 수 있는 카드는 0이고, 나머지 카드를 십의 자리에 쓸 수 있습니다. 그러므로 만들 수 있는 짝수는 90, 30, 10, 50 모두 4개입니다.

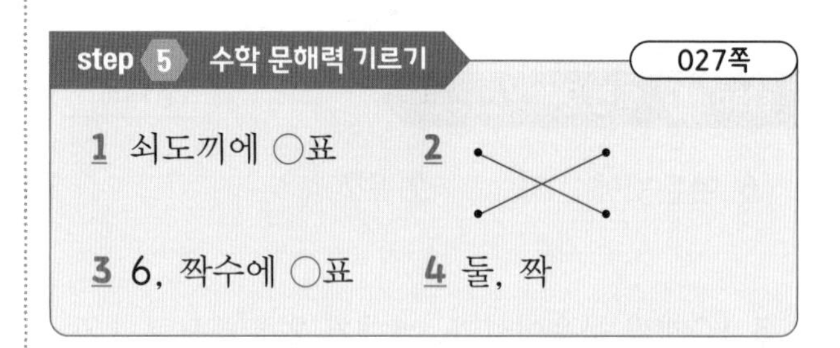

step 5 수학 문해력 기르기 027쪽

1 쇠도끼에 ○표 2

3 6, 짝수에 ○표 4 둘, 짝

2 나무꾼은 은도끼 4개, 쇠도끼 1개를 가지고 있습니다. 은도끼의 수는 짝수, 쇠도끼의 수는 홀수입니다.

3 나무꾼이 가지고 있던 도끼의 수는 은도끼 4개와 쇠도끼 1개로 5개였고, 산신령이 준 금도끼 하나를 더하면 모두 6개를 가지게 됩니다. 6은 짝수입니다.

4 11은 둘씩 짝을 지을 수 없는 수이므로 홀수입니다.

04 세 수의 덧셈과 뺄셈

step 3 개념 연결 문제 (030~031쪽)

1 3, 1, 5; 3, 1, 5, 9; 9
2 (1) 5, 9, 9 (2) 9, 6, 9
3 (1) 7; 7, 4 (2) 7, 4, 4
4 (1) 9 (2) 8 (3) 1 (4) 2
5 2

step 4 도전 문제 (031쪽)

6 세 수의 덧셈은 뒤의 두 수를 먼저 더해도 결과가 같기 때문이야.
7 (뺄셈식) 7−1−4 또는 7−4−1
(답) 2

2 두 가지 방법으로 각각 더해 본 것입니다. 앞의 두 수를 먼저 더한 것과 뒤의 두 수를 먼저 더한 것의 결과를 비교해 보면 같음을 알 수 있습니다.
5 6개의 젤리를 1개, 3개 순으로 먹었으므로 6−1−3=2이고 남은 젤리는 2개입니다.
6 세 수의 덧셈은 세 수 중에서 어느 것을 먼저 더해도 결과가 같습니다. 그러므로 앞에서부터 계산하지 않아도 됩니다.
7 세 수의 뺄셈이므로 가장 큰 수인 7에서 나머지 작은 수를 빼야 합니다.

step 5 수학 문해력 기르기 (033쪽)

1 비석 치기에 ○표 2 과녁판
3 9
4 (과녁판 그림)
5 가

1 양궁, 국궁, 활쏘기 모두 활을 이용하여 화살로 목표를 맞추는 활동입니다.
3 3+5+1에서 앞의 3+5를 먼저 계산하면 8이고 여기에 1을 더하면 8+1=9입니다.
4 '나' 선수는 5세트에서 8점을 얻었고, 2점과 4점을 쏘았습니다. 8−2−4=2이므로 과녁판에서 2점인 부분에 ×표시 하면 됩니다.
5 '가' 선수의 5세트 점수는 9점이고, '나'선수의 5세트 점수는 8점이므로 5세트는 '가' 선수가 이겼습니다.

05 10을 이용한 덧셈과 뺄셈

step 3 개념 연결 문제 (036~037쪽)

1 (1) 4 (2) 8 2 1, 9
3 (1) ⑤+⑤+7=17
(2) ④+2+⑥=12
4 3, 18 5 15

step 4 도전 문제 (037쪽)

6 [4 , 6] [5 , 5]에 ○표
7 7, 8, 9

1 더해서 10이 되는 수를 찾으면 됩니다.

2 모으기를 하여 10이 되는 두 수는 1과 9, 2와 8, 3과 7, 4와 6, 5와 5가 있습니다.

4 7과 모으기를 하여 10이 되는 수는 3입니다.

5 4+6+5에서 4와 6은 합하면 10이 되므로 계산 결과는 15입니다.

6 2+5+3은 10입니다. 더해서 10이 되는 두 수는 4와 6, 5와 5입니다.

7 여름이가 가진 카드의 합은 1+4+6=11입니다. 가을이가 가진 두 장의 카드의 합은 5이므로, 6보다 큰 수를 선택해야 이길 수 있습니다. 7, 8, 9 중 하나의 카드를 고릅니다.

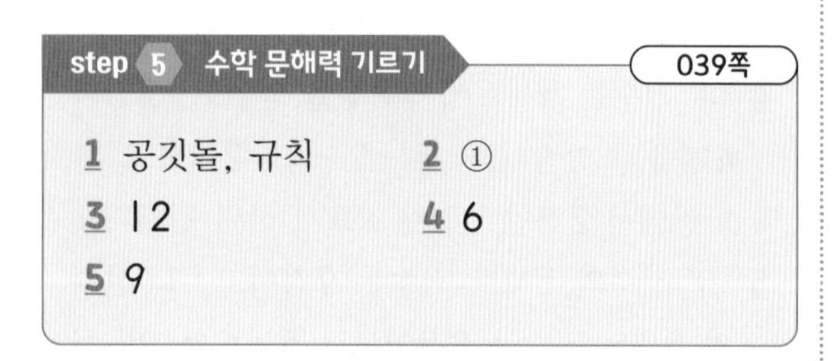

step 5 수학 문해력 기르기 039쪽

1 공깃돌, 규칙 **2** ①
3 12 **4** 6
5 9

2 공기놀이는 공깃돌 하나를 공중에 던지고, 떨어지기 전에 바닥에 있는 돌을 집는 놀이입니다. 떨어지기 전에 돌을 집지 못하거나, 떨어지는 공깃돌을 받지 못하는 실수를 하면 상대방에게 기회가 넘어갑니다.

3 3+2+7에서 3과 7의 합이 10이므로 먼저 계산합니다. 3+7=10에 남은 수 2를 더하면 12가 됩니다.

4 가을이의 점수는 10점이고 두 번째 판까지 4점을 얻었습니다. 4와 6의 합이 10이므로 가을이가 세 번째 판에 얻은 점수는 6점입니다.

5 여름이는 모두 12점을 얻었고, 가을이는 첫 판과 두 번째 판에서 각각 2점을 얻었습니다다. 12−2−2=8이므로 세 번째 판에서 8점을 얻으면 점수가 같아집니다. 따라서 적어도 9점은 되어야 여름이를 이길 수 있습니다.

06 평면도형 분류하기

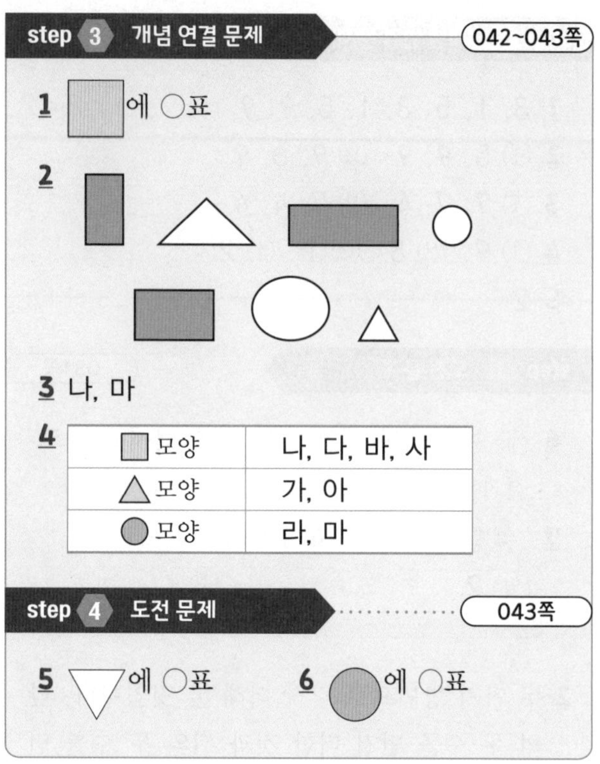

step 3 개념 연결 문제 042~043쪽

1 □에 ○표

2

3 나, 마

4

모양	
□ 모양	나, 다, 바, 사
△ 모양	가, 아
○ 모양	라, 마

step 4 도전 문제 043쪽

5 ▽에 ○표 **6** ○에 ○표

2 □ 모양은 3개, △ 모양은 2개, ○ 모양은 2개이므로 가장 많은 것은 □ 모양입니다.

3 가는 △ 모양, 다, 라는 □ 모양입니다.

5 답은 △ 모양이고, 나머지는 □ 모양입니다.

6 지우개는 상자 모양이고 뾰족하게 나온 부분들이 있습니다. 지우개를 바르게 놓고 똑바로 자르면 □ 모양이, 귀퉁이 부분을 비스듬하게 자르면 △ 모양을 볼 수 있습니다.

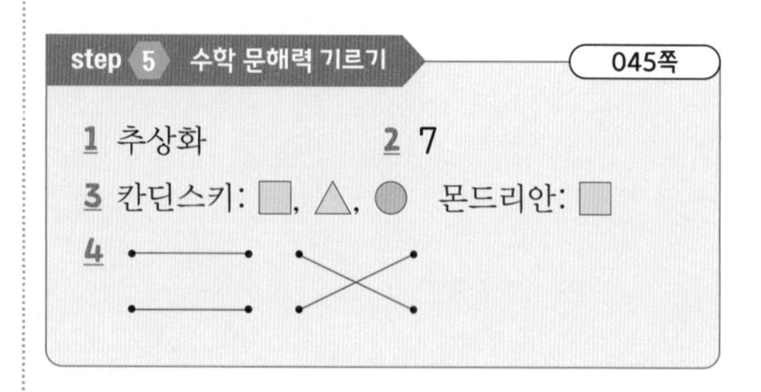

step 5 수학 문해력 기르기 045쪽

1 추상화 **2** 7
3 칸딘스키: □, △, ○ 몬드리안: □
4

2

4 칸딘스키는 그림에 색과 모양을 다양하게 사용하여 작가의 감정을 잘 드러내고 있으므로 따뜻한 추상이라고 합니다. 몬드리안의 그림은 ■ 모양 한 가지만 사용되었고, 사용된 색의 수도 적어 단순하고 차갑게 느껴지므로 차가운 추상이라고 합니다.

07 평면도형 설명하기

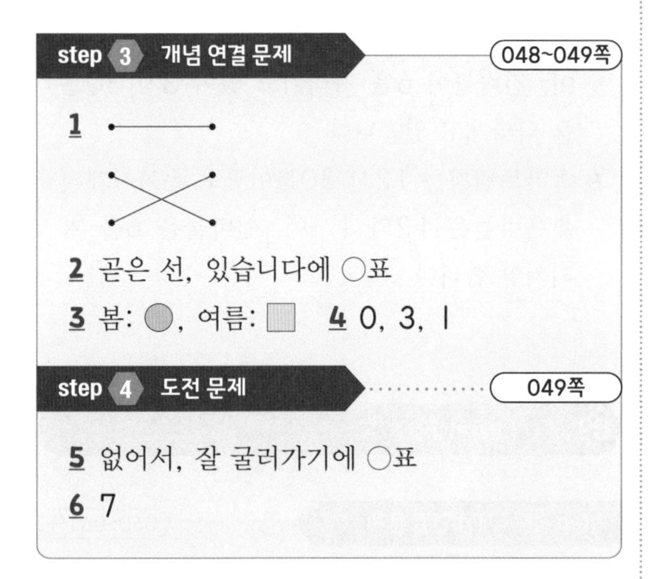

2 주어진 모양은 모두 곧은 선으로 둘러싸여 있고, 뾰족한 부분이 있습니다.

3 봄이가 설명하는 모양은 둥근 선으로 둘러싸여 있고, 뾰족한 곳이 없는 ● 모양입니다. 여름이가 말한 뾰족한 부분이 네 군데 있는 모양은 ■ 모양입니다.

4 도화지는 ■ 모양이지만 그린 모양은 아니므로 ■ 모양은 0개입니다.

5 자전거 바퀴의 ● 모양은 뾰족한 부분이 없습니다. 그래서 페달을 밟으면 멈추지 않고 잘 굴러갑니다.

6 그림에서 사용한 ■ 모양은 4개입니다. 3개 더 그리므로 $4+3=7$로 모두 7개가 됩니다.

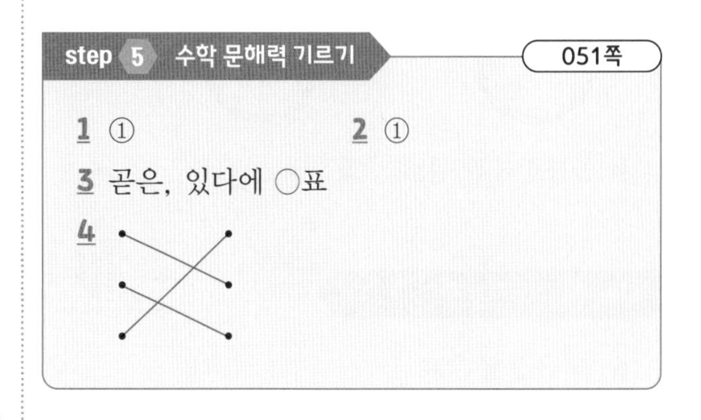

1 ● 모양의 색종이도 있지만, 평소에 자주 사용하는 색종이는 ■ 모양입니다.

2 삼각 접기는 ■ 모양의 색종이를 뾰족한 부분을 위로 하여 반 접어 올린 것입니다.

3 방석접기를 하고 나면, 한쪽은 ■ 모양이고, 다른 한쪽은 작은 ▲ 4개가 됩니다. 이 모양들은 모두 곧은 선으로 둘러싸여 있고, 뾰족한 부분이 있습니다.

4 ■ 모양은 곧은 선으로 둘러싸여 있고 뾰족한 곳이 네 군데 있습니다. ▲ 모양은 곧은 선으로 둘러쌓여 있고 뾰족한 곳이 세 군데 있습니다. ● 모양은 곧은 선이나 뾰족한 부분이 없는 모양입니다.

08 몇 시 30분

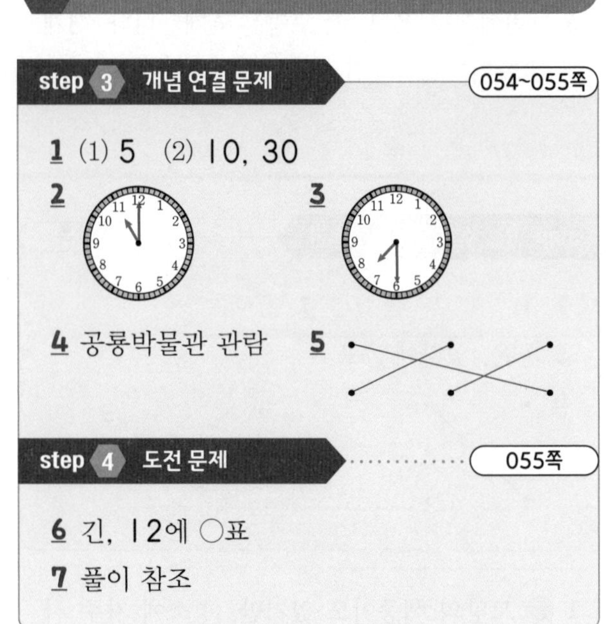

step 3 개념 연결 문제 054~055쪽

1 (1) 5 (2) 10, 30

2

3

4 공룡박물관 관람

5

step 4 도전 문제 055쪽

6 긴, 12에 ○표

7 풀이 참조

2 시계의 짧은바늘이 11, 긴바늘이 12를 가리킬 때 11시를 나타냅니다.

3 7시 30분을 나타내려면 시계의 짧은바늘이 7과 8 사이를, 긴바늘은 6을 가리켜야 합니다.

4 시계의 짧은바늘은 11과 12 사이, 긴바늘은 6을 가리키고 있는 것은 11시 30분을 나타낸 것입니다. 계획을 보면 11시부터 12시 30분까지 공룡 박물관을 관람합니다.

6 시계는 모두 정각인 시간을 나타내고 있습니다. 짧은바늘이 가리키는 수는 다르지만, 긴바늘은 모두 12를 가리키고 있습니다.

7 정각을 나타낼 때는 짧은바늘이 숫자를 가리키고 긴바늘은 12를 가리키고 있어야 합니다. 몇 시 30분인 경우, 짧은바늘은 숫자와 숫자 사이를 가리키고 긴바늘은 6을 가리키고 있어야 합니다. 따라서 '긴바늘은 30분을 나타내고 있는데 시계의 짧은바늘이 9를 정확하게 가리키고 있다.', '짧은바늘이 8과 9 사이를 가리키고 있어야 한다.', '짧은바늘이 9와 10 사이를 가리키고 있어야 한다.', '긴바늘이 12를 가리키고 있어야 한다.' 등의 다양한 답이 나올 수 있습니다.

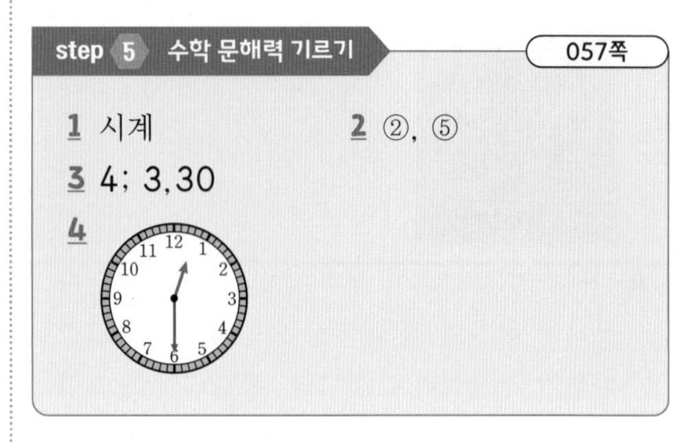

step 5 수학 문해력 기르기 057쪽

1 시계 2 ②, ⑤

3 4; 3, 30

4

2 정교한 시계로 정확하게 시간을 재기 전, 사람들은 해의 그림자나 물이 일정하게 떨어지는 속도를 이용한 해시계와 물시계를 사용했습니다.

3 시계탑의 시곗바늘은 짧은바늘이 4, 긴바늘이 12를 가리키고 있으므로 4시를 나타내고 있습니다. 손목시계는 짧은바늘이 3과 4 사이, 긴바늘이 6을 가리키고 있어 3시 30분을 나타내고 있습니다.

4 스마트워치는 12시 30분이므로 손목시계의 짧은바늘은 12와 1 사이, 긴바늘은 6을 가리켜야 합니다.

09 (몇)+(몇)=(십몇)

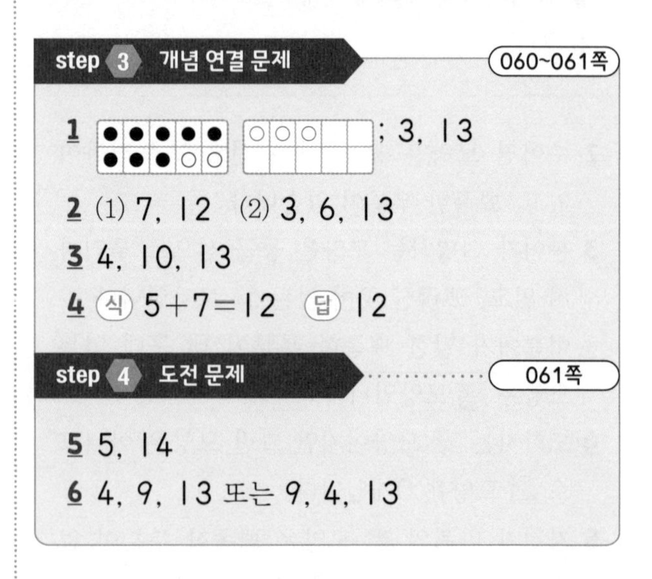

step 3 개념 연결 문제 060~061쪽

1 ; 3, 13

2 (1) 7, 12 (2) 3, 6, 13

3 4, 10, 13

4 (식) $5+7=12$ (답) 12

step 4 도전 문제 061쪽

5 5, 14

6 4, 9, 13 또는 9, 4, 13

1 8과 합하여 10이 되는 수를 만들기 위해 5

를 2와 3으로 가르기 하여 계산한 것입니다.

2 묶은 두 수의 합이 10이 되도록 더하는 수나 더해지는 수를 가르기 합니다.

4 카시오페이아 자리는 5개, 북두칠성은 7개의 별이 보입니다. 5+7=12이므로, 두 별자리의 별의 수는 모두 12개 입니다.

5 5와 합하여 10이 되는 수는 5입니다.

6 가장 큰 수는 9, 가장 작은 수는 4이므로 9와 4를 더하면 13입니다.

step 5 수학 문해력 기르기 063쪽

1 안장, 주머니　　**2** 3, 13

3 4, 13　　**4** 5, 5, 1, 13

5 농부, 상인에 ○표 또는 상인, 농부에 ○표

3 상인은 더해지는 수를 가르기 하여 더하는 수와 합하면 10이 되는 수를 만들었습니다.

4 더하는 수와 더해지는 수에서 모두 5씩 가져와 10을 만들고, 남은 수를 더하는 방법입니다.

5 농부는 보석이 자신의 것이 아니므로 상인이 다시 보석을 가져가야 한다고 말했습니다. 상인은 반대로 말하며 서로 상대방이 가져가는 것이 맞다고 했습니다. 따라서 농부의 말이 맞으면 상인이 보석을 가져가야 하고, 상인의 말이 맞으면 농부가 보석을 가져가야 합니다.

10 (십몇)-(몇)=(몇)

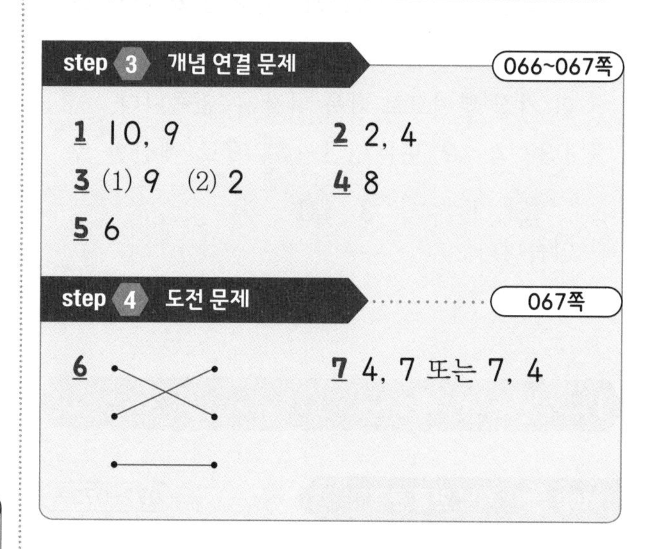

step 3 개념 연결 문제 066~067쪽

1 10, 9　　**2** 2, 4

3 (1) 9　(2) 2　　**4** 8

5 6

step 4 도전 문제 067쪽

6

7 4, 7 또는 7, 4

1 15를 5와10으로 가르기 한 뒤, 10에서 6을 먼저 빼는 계산 방법입니다.

2 빼지는 수의 낱개 개수만큼 빼고, 10에서 남은 수를 빼는 방법입니다.

4 그림책의 수에서 수학 잡지의 수만큼 빼면 몇 권 더 많은지 알 수 있습니다.
13−5=8이므로 그림책이 수학 잡지보다 8권 더 많습니다.

5 14개 중에서 8개를 가져갔으므로 남은 면봉의 수를 구하려면 14−8을 계산하면 됩니다. 14−8=6이므로 남은 면봉의 수는 6개입니다.

7 남은 카드 중 두 수의 합이 11인 카드를 골라야 합니다. 11에서 가장 큰 수인 7을 먼저 빼면 4이고, 숫자 4 카드가 남아 있으므로 4와 7 카드를 내면 됩니다.

step 5 수학 문해력 기르기 069쪽

1 고깃덩어리　　**2** 6, 4

3 10, 4　　**4** 첫번째 말풍선에 ∨표

5 9

4 들어간 구멍이 작으므로 다시 나오려면 몸이 처음처럼 말라야 합니다. 결국 다시 굶을 수밖에 없습니다. 고기를 마저 더 먹으면 배가 더 커질 뿐이므로 더욱 나갈 수 없습니다.

5 13−4=9 또는 13−4=9로 계산할 수 있습니다.
(13을 3과 10으로, 4를 3과 1로 가르기)

11 수 배열에서 규칙 찾기

step 3 개념 연결 문제 072~073쪽

1 ②
2 (1) 19, 27 (2) 82, 81
3 세 번째 그림에 ∨표
4 오른쪽에 ○표

step 4 도전 문제 073쪽

5 5
6 3, 반복

1 가로 방향으로 오른쪽으로 갈수록 1이 커집니다. 주어진 수 배열표에서 가장 작은 수는 31, 가장 큰 수는 55입니다.

2 (1) 오른쪽으로 갈수록 4씩 커지는 규칙입니다.
(2) 오른쪽으로 갈수록 1씩 줄어드는 규칙입니다.

3 한 발씩 번갈아 가며 들고 있으므로 반대 발을 들고 있는 그림을 고릅니다.

4 휴대폰의 수 배열은 세로줄 위에서 아래로 내려갈수록 3씩 커지고 있습니다.

5 가로줄은 오른쪽으로 갈수록 1씩 커지고, 세로줄은 위에서 아래로 내려갈수록 4씩 커집니다. 대각선 방향의 수 배열을 보면 1−6−11−16 순으로 5씩 커집니다.

step 5 수학 문해력 기르기 075쪽

1 오른쪽에 ○표
2 5개에 ○표
3 2, 4, 6
4 ②, ③
5 ㉮: 8, ㉯: 14, ㉰: 26

1 여름이와 봄이는 1부터 차례대로 1씩 커지는 숫자를 넣어 이야기를 만들었습니다. 수 배열표를 보면 숫자는 1부터 오른쪽 방향으로 1씩 커집니다.

2 이야기가 자연스럽게 이어지려면 앞 이야기의 내용에 관한 문장을 만들어야 합니다. 앞부분은 사탕을 먹었고 더 먹고 싶다는 내용이므로 내일은 사탕을 더 먹고 싶다는 내용이어야 합니다. ㉠의 위 줄을 보면 4를 사용해서 이야기를 만들었으므로, 마지막 문장은 5를 사용해야 합니다.

3 봄이는 수 배열표 순서대로 이야기를 만들고 있으므로 빈 칸에 들어갈 수는 2, 4, 6입니다.

4 16부터 → 방향으로 1씩 커집니다. 21부터 ↗ 방향으로 4씩 작아집니다.

5 색이 칠해진 부분의 수들을 보면 2−8−14−20이고, 2부터 ↘ 방향으로 6씩 커지고 있습니다.

12 받아올림이 없는 (몇십몇)+(몇십몇)의 계산

step 3 개념 연결 문제 078~079쪽

1 풀이 참조; 19
2 (1) 60 (2) 64, 76
3 (1) 69 (2) 97 (3) 56 (4) 82
4 99
5 58에 ○표

step 4 도전 문제 079쪽

6 47
7 89

1 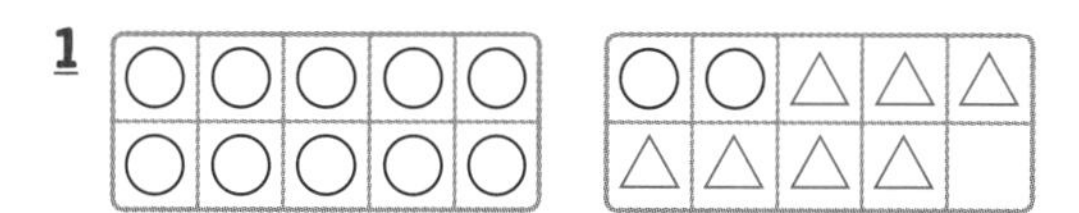

2 (1) 10개씩 묶음이 6개이므로 60입니다.
(2) 오른쪽 수 모형은 64이고, 여기에 12를 더하면 10개씩 묶음 7개, 낱개 6개이므로 76입니다.

6 $31+16=47$이므로 꽃다발에 있는 꽃은 47송이입니다.

7 10개씩 묶음 4개와 낱개가 7인 수는 47이고, 마흔둘은 42입니다. 둘을 더하면 $47+42=89$입니다.

step 5 수학 문해력 기르기 081쪽

1 투호
2 ④
3 21
4 풀이 참조; 23
5 44

2 투호놀이는 화살을 더 많이 넣은 편이 이기는 놀이입니다.

3 가을이와 가을이 동생이 넣은 화살은 $10+11=21$로 모두 21개입니다.

4 ○○○○○ ○○○○○ | ○△△△△ △△△△△ | △△△

겨울이가 넣은 화살은 11개, 겨울이 동생이 넣은 화살은 12개입니다. $11+12=23$입니다.

5 가을이 편이 넣은 화살의 수는 21개, 겨울이 편이 넣은 화살의 수는 23개입니다. $21+23=44$이므로 44개입니다.

13 여러 가지 방법으로 덧셈하기

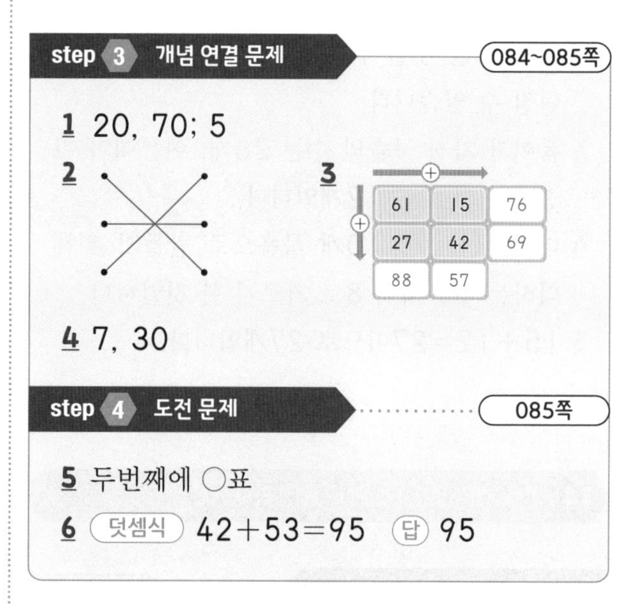

4 더하는 수를 가르기하여 더해지는 수를 10개 묶음인 수로 만들고 나머지 수는 낱개인 수로 더하는 방법입니다.

5 $30+10$은 더하는 수의 10개짜리 묶음을 먼저 더한 것을 덧셈식으로 나타낸 것입니다. $40+6$은 남은 낱개를 더한 것입니다.

6 더했을 때 가장 큰 수가 되려면 주어진 수 중 가장 큰 두 개의 수를 고르면 됩니다. 가장 큰 두 수는 42와 53이고 이들의 합은 95입니다.

step 5 수학 문해력 기르기 087쪽

1 ②　　2 ①, ⑤
3 12, 38　　4 4, 8, 38
5 27

1 구슬치기는 구슬을 굴리거나 튕겨 내는 놀이로 둥글둥글한 것을 구슬로 사용할 수 있습니다. 파인애플은 잘 굴러가지 않고 구슬치기를 하기에는 크고 무겁습니다.

2 구슬치기는 구슬을 던져 선 밖으로 튕겨져 나온 구슬을 모두 가지는 놀이입니다. 튕겨져 나오는 구슬이 없을 때까지 계속 구슬을 던질 수 있습니다.

3 봄이가 가진 구슬의 수는 26개, 여름이가 가진 구슬의 수는 12개입니다.

4 더해지는 수를 10개 묶음으로 만들기 위해 더하는 수를 4와 8로 가르기 한 것입니다.

5 $15+12=27$이므로 27개입니다.

14 받아내림이 없는 (몇십몇)－(몇십몇)의 계산

step 3 개념 연결 문제 090~091쪽

1 ○○○○○ ○○○○○ / ○○○○⊘ ⊘⊘⊘⊘; 14
2 (1) 40　(2) 44, 14
3 (1) 25　(2) 69　(3) 14　(4) 6
4 90, 60　　5 겨울, 21

step 4 도전 문제 091쪽

6 96, 24, 72 또는 96, 72, 24
7 13, 15 또는 15, 13; 14, 10

4 붙임 종이로 나타낸 수는 90이고 그중 30만큼 떼어냈으므로 $90-30=60$입니다.

5 $49-24=25$, $32-11=21$입니다. 가을이는 맞게 계산하였고, 겨울이는 계산이 틀렸습니다.

6 주어진 수 카드를 모두 사용해야 하는데, 작은 수에서 큰 수를 뺄 수 없으므로 셋 중 가장 큰 수가 빼어지는 수입니다.

7 주어진 공은 모두 10개 묶음이 1개인 수입니다. 합이 28이 되려면 낱개의 합이 8인 수를 찾으면 되므로 13와 15입니다. 남은 공은 10, 11, 12, 14이고 이 중 차가 4가 되는 수는 낱개의 차가 4인 수이므로 10과 14를 고르면 됩니다.

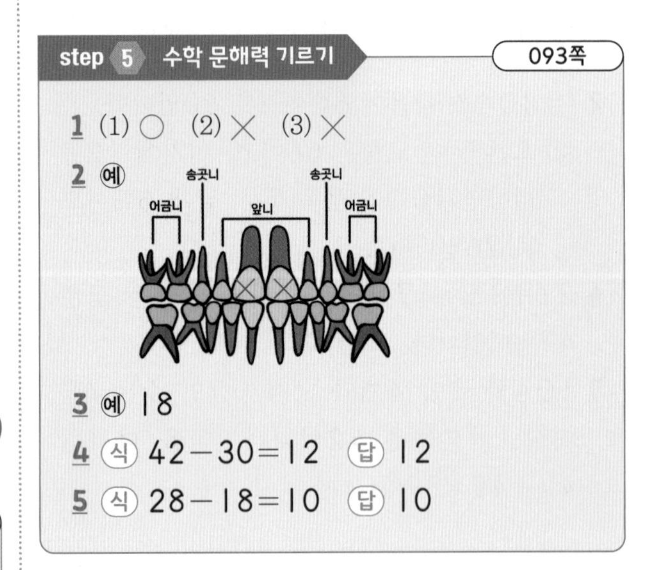
step 5 수학 문해력 기르기 093쪽

1 (1) ○　(2) ×　(3) ×
2 예

3 예 18
4 식 $42-30=12$　답 12
5 식 $28-18=10$　답 10

1 (2) 유치는 보통 6세쯤부터 빠지기 시작한다.
(3) 유치가 빠지면 그 자리에 영구치가 나지만, 영구치가 나고 난 다음에는 이가 빠져도 다시 나지 않습니다.

2 유치가 빠지고 영구치가 날 시기이므로 빠진 유치를 표시하여 봅니다.

3 거울을 보고 실제 내 이가 몇 개인지 세어 봅니다.

4 강아지의 영구치는 42개, 고양이의 영구치는 30개입니다. $42-30=12$이므로 강아지와 고양이의 영구치 수의 차는 12입니다.

5 영구치는 보통 28개이고, 지금 가을이는 이

가 18개 있습니다. 28−18=10이므로 10입니다.

15 여러 가지 방법으로 뺄셈하기

step 3 개념 연결 문제 096~097쪽

1 95, 21, 74
2 10, 3, 5; 5, 35
3 (1) 4 (2) 55 (3) 11
4 공룡 그림, 34 5 19

step 4 도전 문제 097쪽

6 오른쪽에 ○표 7 27

4 10개 묶음은 10개 묶음끼리, 낱개는 낱개끼리 빼고 둘을 더한 방법으로 뺄셈을 한 것입니다.
5 둘 중 더 큰 수는 공룡 그림 카드의 수인 59입니다. 59−25=34이므로 공룡 카드가 자동차 카드보다 34장 더 많습니다.
7 68−7=61은 68에서 17의 낱개 부분인 7을 먼저 뺀 것입니다. 61−10=51은 낱개를 빼고 난 뒤의 수인 61에서 17의 10개 묶음인 10을 뺀 것을 나타낸 것입니다.
8 지금 구독자 수는 72명이고, 99명이 되려면 99−72=27이므로 27명이 더 구독해야 합니다.

step 5 수학 문해력 기르기 099쪽

1 두번째에 ○표
2 세번째, 네번째에 ∨표
3 1, 15 4 16

1 엔젤피시는 몸이 △ 모양입니다. 지느러미는 길고 예쁘게 나 있습니다.
2 엔젤피시는 하루에 2번 먹이를 주는 것이 좋습니다. 예민하므로 다른 물고기와 함께 키우지 않는 것이 좋습니다.
3 1번 수조에는 28마리, 2번 수조에는 13마리가 있습니다. 28−13=15이므로 1번 수조에 15마리 더 많습니다.
4 1번 수조에는 28마리가 있습니다. 그중 12마리를 옮겼으므로 28−12=16입니다. 따라서 1번 수조에 남은 물고기의 수는 16마리입니다.